NEUROSCIENCE

하루 한 권, 뇌내 물질

이쿠타 사토시 지음 김현정 옮김

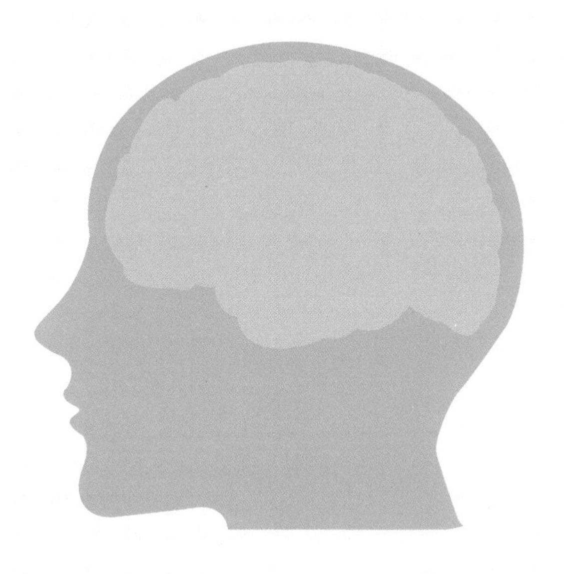

마음을 병들게 하는 뇌 물질의 정체와 원리

이쿠타 사토시

1955년 홋카이도 출생. 약학 박사. 암, 당뇨병, 유전자 연구로 유명한 시티오브 호프 연구소, 캘리포니아대학교 로스앤젤레스(UCLA), 캘리포니아대학교 샌디에이고(UCSD)에서 박사 연구원을 거쳐, 일리노이공과대학에서 조교수(화학과)로 재직하였다. 유전자 구조와 드러그 디자인을 주제로 연구 생활을 하다, 일본 귀국 후에는 생화학, 의학, 약학 등 생명과학을 중심으로 집필 활동에 전념하고 있다. 주요 저서로는 『脳は食事でよみがえる뇌는 식사로 되살아난다』·『よみがえる脳되살아나는 뇌의 비밀』·『암과 DNA의 비밀』〈サイエンス・アイ新書〉, 『脳地図を書き換える뇌 지도를 다시 그리다』〈東洋経済新報社〉, 『心の病は食事で治す마음의 병은 음식으로 고친다』·『食べ物を変えれば脳が変わる음식을 바꾸면 뇌가 바뀐다』〈PHP新書〉, 『ビタミンCの大量摂取がカゼを防ぎ がんに効く비타민 C 대량 섭취의 감기 예방과 암에 대한 효과』〈講談社+α新書〉, 『いまからでも間に合う!家族のための「放射能\を解毒する」食事지금이라도 늦지 않는다! 가족을 위한 '방사능 해독' 식사』〈講談社〉, 『ボケずに健康長寿を楽しむコツ60인지저하증 없이 건강하게 장수하는 비법 60가지』〈角川oneテーマ21〉 등이 있다.

이쿠타 사토시와 배우는 뇌와 영양의 세계

http://www.brainnutri.com/

들어가며

뇌는 신경세포의 집합체로, 하나하나의 신경세포 내부에서는 전기신호 형태로 정보가 바쁘게 오간다. 그런데 신경세포와 신경세포 사이는 화학물질인 전달물질이 흐르면서 정보를 전달한다. 즉, 뇌를 돌아다니는 전달물질의 종류와 양에 의해 '마음'이 결정된다.

예를 들면, 부탁받은 것과 다른 서류를 실수로 100매나 복사했다는 것을 알게 된 순간 실수를 들킬까 봐 조초해 하는데, 이때 뇌에서는 노르아드레날린이 돌아다닌다. 또 회사 승진 시험이나 대학 기말 시험에서 생각한 것보다 높은 점수를 얻은 사람의 뇌는 쾌감 물질인 도파민으로 가득 차 있다.

이 책에서는 뇌와 마음의 움직임을 '물질'로 설명하였다. 먼저 1장에서는 뇌와 마음을 낳는 구조와 다양한 전달물질에 관해 기술하였다.

다음으로 2장에서는 다양한 물질의 불균형이 낳는 뇌와 마음의 상태를 살펴본다.

우리가 살아가기 위해서는 뇌의 신경세포와 신경세포 사이에서 일어나는 정보 교환, 즉 '뇌의 흥분'이 불가결하다. 그렇다고 해서 너무 흥분해도 안 된다. 자동차가 브레이크와 액셀러레이터로 안전하게 스피드를 조절하며 달리는 것처럼, 뇌는 흥분시키는 전달물질과 억제하는 전달물질이 균형을 잡으며 적당한 흥분 상태를 유지해야 한다.

평상심이란 뇌가 적당히 흥분한 상태로, 뇌에서 전달물질이 균형을 이룬 것이다. 한편 마음의 병은, 뇌에 있는 물질의 균형이 무너진 상태다. 이 균형이 무너져 흥분 상태가 지나치면 불안해지고, 흥분 상태가 부족하면 기분이 침체되어 우울해진다.

이럴 때도 뇌 물질의 균형을 회복하면 원래의 건강한 뇌와 마음으로 돌아간다. 뇌 물질의 균형을 회복하기 위해 '향정신제'라고 하는 특별한 물질을 이용한다. 예를 들면, 우울증을 치료할 때는 플루옥세틴이나 이미프라민을 사용한다. 이들 물질은 뇌와 마음에 어떻게 작용하는지 알아보자.

그리고 3장에서는 우리 주변에서 쉽게 찾아볼 수 있는 물질이 뇌와 마음에 어떠한 영향을 미치는지 알아본다.

향정신제뿐만이 아니다. 몸으로 들어가는 비처방약 중에서도 뇌에서 전달물질의 흐름을 바꾸는 물질 역시 마음을 바꾼다. 예를 들면, 카페인이나 아스피린도 뇌와 마음에 의외의 작용을 한다.

마지막으로 4장에서는 음식에 들어 있는 물질이 뇌나 마음과 어떠한 관계에 있는지 서술하였다.

우리의 몸은 단백질, 지질, 당류가 모두 에너지원으로 작용하는데, 뇌의 에너지원은 포도당만 있으면 된다. 이 점에서 뇌는 다른 기관과는 상당히 다르다. 또 전달물질의 원료인 아미노산이 부족하면 뇌 속 전달물질의 균형이 무너진다. 그렇기 때문에 무엇을 먹는지는 뇌와 마음, 즉 우리 인생에서 매우 중요하다.

일이나 시험은 아침부터 시작되는 경우가 많아서 저녁형 인간은 원래 실력을 발휘하기 어렵다. 그렇다면 아침부터 실력을 발휘하기 위해서는 어떻게 해야 할까? 또는 곧 마감이라서 오늘 밤은 늦게까지 일해야 한다. 어떻게 하면 일의 효율을 높일 수 있을까? 이 책을 읽고 물질이 뇌와 마음을 조종하는 원리를 이해한다면 이러한 의문에도 쉽게 대답할 수 있을 것이다.

평소 우리가 섭취하는 약이나 음식에도 충분히 주의를 기울이며 뇌를 더욱 활성화하여 풍요로운 마음으로 활기찬 인생을 보내기 바란다.

본문에서는 인명에 대한 경칭은 생략하였다. 이 책을 정리하는 데 다양하고 유익한 정보를 주신 소프트뱅크 크리에이티브의 마스다 겐지 씨에게 감사 말씀을 드린다.

이쿠타 사토시

목차

2장 뇌 물질의 불균형이 일으키는 병

3장 마음을 바꾸는 우리 주변 물질

캡사이신

약과 음식

1장

살아 있는 뇌

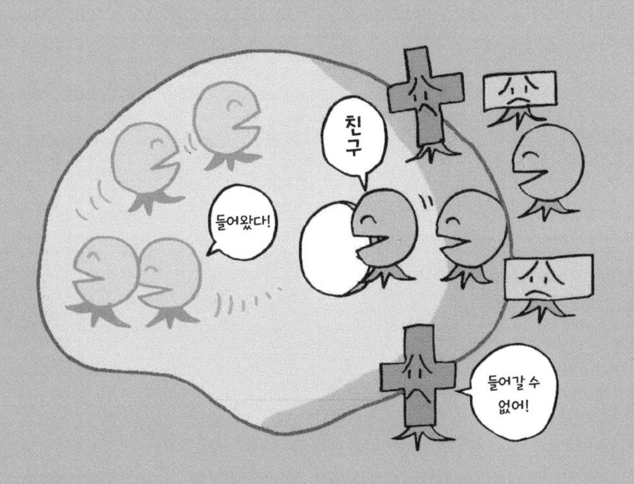

우리의 모든 행동은 뇌에 의해 결정된다. 왜냐하면 행동은 마음의 명령에 따라 일어나는데, '마음'도 뇌의 활동으로 생기기 때문이다.

우리 뇌에는 1,000억 개나 되는 엄청난 양의 신경세포가 있으며, 신경세포는 서로 정보를 교환한다. 이러한 정보 교환으로 우리 마음이 생겨난다. 마음은 뇌의 신경세포가 정보를 교환해서 나타나는 것이다.

여러 물질이 정보 교환을 담당하고 있는데, 신경세포에서 어떤 물질이 얼마나 분비되는지에 따라 발생하는 정보의 양이나 질이 결정된다. 즉, 신경세포에서 분비되는 물질의 양과 질에 의해 발생하는 마음이 결정된다. 다시 말해 뇌와 마음은 물질로 이루어져 있다.

이 장에서는 뇌와 마음의 관계 및 물질이 뇌 속을 돌아다니면서 발생하는 마음을 중심으로 살아 있는 뇌란 어떠한 것인지 살펴보도록 하자.

1 카페인은 뇌를 흥분시킨다

졸음이나 피로감을 느끼는 사람은 휴식을 취하거나 커피, 녹차, 홍차를 한 잔 마신다. 휴식을 취하거나 차를 마셨을 뿐인데 졸음이 사라지고 안개로 뒤덮였던 머릿속이 갑자기 맑아지면서 다시 효율적으로 일할 수 있게 된다.

직장인만 커피, 녹차, 홍차의 도움을 받는 것은 아니다. 늦은 시간 시험공부로 졸음과 피로감을 느끼는 학생도 직장인과 같은 방법으로 뇌를 각성시켜 공부의 효율을 높인다.

이러한 음료는 마치 우리를 각성시켜 피로감을 없애 주는 마법 음료 같다. 이 마법의 정체는 커피, 녹차, 홍차에 함유된 카페인이라는 화학물질(이하 물질이라고 함)이다. 카페인이 뇌를 흥분시켜서 졸음이 사라지고 활기를 찾게 된다.

강습이나 연수가 끝나면 파티에서 맥주로 건배한 다음 한 손에 와인이나 샴페인을 들고 환담을 나눈다. 그때까지 긴장했던 참가자들은 맥주, 와인, 위스키를 한 잔 마시는 것만으로 긴장이 풀리면서 부드러운 분위기를 즐기게 된다.

맥주, 와인, 위스키는 마치 우리의 긴장을 완화해 주는 마법 음료 같다. 그러나 마법의 정체는 음료에 함유된 알코올이라는 물질이다. 알코올이 우리 마음을 긴장감이라는 속박으로부터 해방시켜 대화에 활기를 띠게 한 것이다.

부지런히 뛰어다니는 영업 사원이 밤에 쉽게 잠들지 못하면, 낮에 피로감으로 인해 계속 하품이 나온다. 이때 수면제를 섭취하면 다시 숙면하게 되고 활기차게 일할 수 있다.

수면제는 불면증으로 힘들어하는 사람에게 잠을 선사하는 마법의 약과도 같다. 그러나 마법의 정체는 수면제에 함유된 클로티아제팜이나 에티졸람과 같은 물질이다.

밖에서 친구와 놀던 첫째가 배가 고파서 돌아왔는데 공교롭게도 식사가 준비되어 있지 않았다. 그래서 엄마는 저녁 준비가 될 때까지 동생과 사이좋게 놀고 있으라고 했는데, 배가 고팠던 첫째는 참지 못하고 화풀이로 동생의 장난감을 빼앗아 결국 눈물바다가 되었다.

첫째가 참지 못하고 화가 난 이유는 공복 상태가 되면서 혈액 중의 포도당(혈당 수치)이 줄어들었기 때문이다.

커피, 녹차, 홍차와 같은 음료에 함유된 카페인이라는 뇌를 흥분시키는 물질, 맥주나 와인에 함유된 알코올이라는 뇌를 릴랙스시키는 물질, 수면제에 함유된 클로티아제팜이나 에티졸람과 같은 물질, 혈액에 녹아 온몸을 돌아다니는 포도당이라고 하는 물질. 이 모든 물질이 우리의 뇌와 마음에 큰 영향을 미치는 물질이다.

일상생활에서 먹는 음식이나 약 등 섭취하는 물질에 의해 우리 마음이 갑자기 변화하는 것을 알 수 있다. 마음이 어떤 방향으로 바뀌느냐는 어떤 물질(물질의 성질)을 얼마큼 섭취하느냐(물질량)로 결정된다.

〈도표 1〉 물질이 뇌와 마음을 바꾼다

음식, 상황	물질	효과
커피, 녹차, 홍차	카페인	뇌를 각성
맥주, 와인, 위스키	알코올	뇌의 흥분을 억제
수면제	클로티아제팜 등	뇌의 흥분을 억제
공복	포도당 부족	뇌의 흥분 부족, 초조

2 마음을 만드는 세 가지 요소

〈도표 2〉 뇌와 마음의 3층 구조

뇌 위치	명칭	활동
표면	대뇌피질	이성
중간층	대뇌변연계	감정
하층	뇌간	욕망

섭취하는 물질이 마음에 큰 영향을 미친다는 내용에 대해 살펴보았는데, 그렇다면 애당초 마음이란 무엇일까?

마음, 사람의 정신, 기분에 대해 논의한 서적은 셀 수 없을 정도로 많지만, '마음'에 대한 견해는 아직 통일되지 않았다.

다만 사전적으로 말하자면, 마음은 욕망, 감정, 이성과 같은 활동의 총칭으로, 그 활동의 원천이 되는 것을 말한다. 이 책에서도 마음을 이렇게 규정하고, 이야기를 진행하려고 한다.

그럼 욕망, 감정, 이성이란 무엇일까? '욕망'이란 뭔가를 원하고, 갖고 싶어 하는 마음이다. '감정'은 좋음, 싫음, 기쁨, 분노, 슬픔, 즐거움과 같은 기분이고, '이성'은 실은 사물이 어떤 것인지 대략적인 내용을 아는 능력이다. 이성이 작용하여 판단력, 예측, 견해(인생관, 우주관, 사상 등)가 발생한다.

구체적인 사례를 들어 생각해 보자.

오랜만에 도쿄로 출장을 가게 된 A는 학창 시절 친하게 지냈던 친구와 저녁을 먹기로 약속했다. 이날은 크리스마스이브여서 프렌치나 이탈리안 레스토랑은 혼잡할 것 같아 일식을 먹기로 했다. 맛집으로 유명한 초밥집에 가려고 했지만, 공교롭게도 만석이었다. 할 수 없이 다른 초밥집에 갔는데, 예상했던 것보다 맛있어서 기분이 좋아졌고, 정겨운 추억이나 일 얘기를 하며 즐거운 시간을 보냈다.

짧은 시간이었지만 A의 마음(욕망, 감정, 이성)이 크게 변화한 것을 알 수 있다.

먼저 학창 시절 사이가 좋았던 친구는 좋고 싫은 감정 중 당연히 좋은 감정에 속한다. 물론 죽이 잘 맞는 친구나 애인도 좋은 감정에 속한다.

배가 고프다고 느끼는 것은 공복감이고, 이 공복감을 해소하기 위해 식욕이라는 '욕망'이 생겨난다. 또 크리스마스이브의 서양식 레스토랑은 매우 혼잡할 것 같아 일식 초밥집으로 간 것은 '이성'에 의한 판단이다.

그런데 맛있다고 소문난 초밥집에 가지 못해서 실망(기분 저하)하게 된다. 하는 수 없이 다른 초밥집에 갔는데 예상외로 음식이 맛있어서 A의 기분이 좋아진다. 물론 어린 시절 친구와 얘기를 나눈 것도 A의 기분을 좋게 해 주었다.

3 마음은 뇌의 활동으로 발생한다

마음에는 형태가 없어서 맨눈으로 볼 수는 없지만, 마음은 분명 인체의 어딘가에 있을 것이다. '마음'을 영어로 '하트(heart)'라고 한다. 하트에는 '마음'과 '심장'이라는 두 가지 의미가 있다. 물론 심장은 척추동물이 혈액을 온몸으로 보내는 펌프를 말한다.

하트에 두 가지 의미가 있는 이유는 마음이 심장에 있다고 고대인이 생각한 데서 연유한 것 같다.

고대인이 음식을 찾기 위해 황야를 헤매다 드디어 사냥감을 발견했을 때, 모두 사냥감을 둘러싸고 창을 던지려고 할 때, 사냥감을 포획하려고 할 때, 또는 자신밖에 모르는 비밀의 보물을 발견했을 때. 이 모든 경우 마음이 벅차 긴장하게 된다. 그리고 심장 고동이 빨라지며 두근거린다.

요즘에도 시험장으로 향하는 수험생은 심장이 두근거리지 않을까? 이러한 예를 통해 과거에 마음이 심장에 있다고 믿던 때가 있었다는 것은 충분히 이해가 된다.

그러나 마음이 심장에 있다는 것은 잘못된 생각이다. 인체 해부학에 대한 연구가 이미 끝나, 인체의 모든 부분에 이름이 붙은 것은 물론 각 부분이 어떤 활동을 하는지도 밝혀졌다. 그리고 손발, 폐, 신장, 위, 장 등 뇌 이외의 기관에는 마음이 없다는 것이 확인되었다.

마음은 뇌에만 있고, 뇌의 활동으로 마음이 생겨난다. 즉, 마음이란 뇌라는 장기의 활동에 의해 생겨나는 것이다.

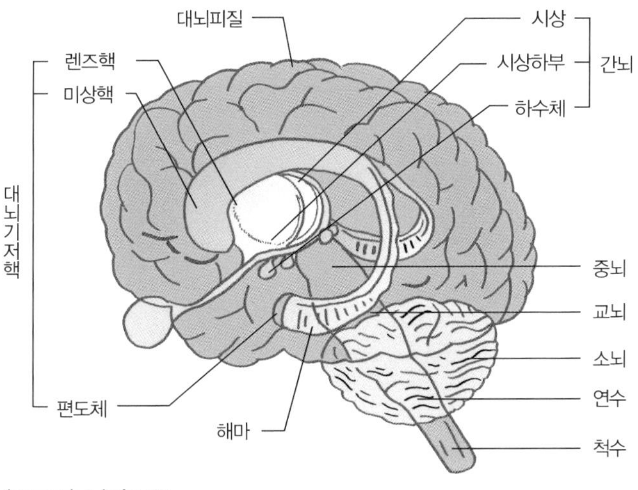

〈도표 3〉 **뇌의 구조**

4 뇌는 3층 구조로 되어 있다

뇌란 대체 뭘까? 다음으로 뇌에 대해 살펴보자.

뇌는 두개(두부) 속에 있는 무게 1,400그램의 부드러운 기관이다. 크기로 보면 인체의 2%에 불과한 작은 기관이지만, 마음을 낳는 등 온몸을 컨트롤하는 사령탑 역할도 담당한다.

이 책에서는 마음을 욕망, 감정, 이성 3요소로 나누었다. 뇌도 표면의 대뇌피질, 중간층의 대뇌변연계, 하층의 뇌간 이렇게 3층으로 나누면 편리하다. 대뇌피질은 이성, 대뇌변연계는 감정, 뇌간은 욕망처럼, 뇌의 3층과 마음의 3층을 대응시킬 수 있다.

그럼 뇌의 하층 뇌간부터 살펴보자.

• 뇌간

뇌간은 뇌의 하층에 있는, 진화 프로세스에서 가장 오래된 뇌다(도표 4). 뇌간은 호흡, 혈액 순환, 발한 등 동물이 살아가는 데 꼭 필요한 기본을 만들어 낸다. 그렇기 때문에 뇌간의 구조는 사람이나 다른 척추동물 모두 거의 같다는 것을 납득할 수 있다. 또 뇌간은 사람 마음의 기초인 욕망을 만들어 낸다.

뇌간은 연수, 교뇌, 시상하부, 시상으로 구성되어 있다. 연수에는 호흡이나 혈액 순환의 중심 부분(중추)이 모여 있다. 연수 바로 위에는 교뇌가 있고, 교뇌 바로 옆에는 소뇌가 있다. 교뇌는 좌우 소뇌를 연결하며, 이 셋이 서로 작용하여 온몸의 근육이 원활하게 움직인다.

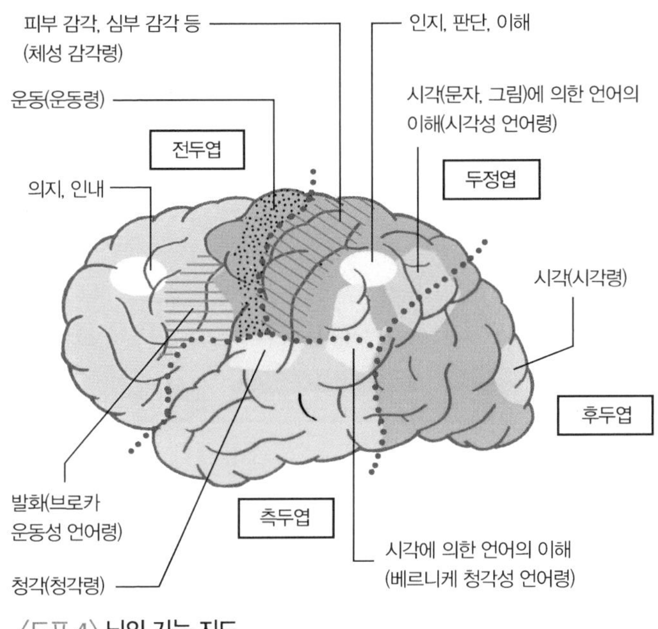

〈도표 4〉 **뇌의 기능 지도**

중뇌는 교뇌 위에 있으며, 자세나 걸음걸이를 컨트롤한다. 또 집중력, 적극성, 기분을 컨트롤하는 신경(나중에 구체적으로 설명할 세로토닌 신경이나 노르아드레날린 신경)이 중뇌에서 시작되어 뇌 전체로 뻗어 나간다.

뇌간의 가장 위에는 시상이 있다. 시상은 뇌의 거의 가운데에 있으며, 뇌의 정보가 출입하는 중계점이다. 예를 들면, 대뇌피질에서 근육을 움직이는 정보를 내보내거나, 피부에서 감각 정보를 대뇌피질로 보낸다.

시상 바로 아래에는 시상하부가 있으며, 시상하부는 사람의 욕망을 발생시키는 근원이다.

예를 들어, 먹고 싶다는 식욕을 발생시키는 섭식중추, 먹은 후에 배가 불렀다는 것을 알리는 포만중추, 섹스하고 싶다는 성중추, 체온을 일정하게 유지하는 체온조절중추 등이 시상하부에 있다. 그뿐만 아니라 시상하부는 호르몬을 만들어 심박수도 결정한다.

체온이 너무 내려가면 몸은 떨리기 시작하는데, 이때 근육을 움직여 열을 발생시킨다. 이 움직임을 일으키는 것이 시상하부다.

• 대뇌변연계

뇌의 중간층에는 해마, 편도체, 측좌핵과 같은 대뇌변연계가 있다. 대뇌변연계는 기억, 의욕, 좋고 싫음, 공포 등과 관련된 곳으로, 마음 중 감정을 만들어 낸다.

좋아하는 것은 하고 싶지만, 싫어하는 것은 하고 싶지 않다. 누구나 그렇다. 대뇌변연계에서 좋고 싫음을 판단하는데, 좋아하면 의욕(모티베이션)이 생겨서 행동을 일으킨다. 따라서 대뇌변연계(변연계라고 부르기도 함)는 사람이 행동을 일으키기 위한 정신 에너지를 만드는 원천이라고 바꿔 말할 수 있다.

해마는 해마처럼 조금 굽은 형태로, 일시적으로 기억을 기록한다. 해마는 정보를 필요한 것과 불필요한 것으로 나누고, 필요한 정보는 뇌에 오랫동안 보존한다.

해마 끝에는 편도체가 있으며, 이 편도체는 좋고 싫음, 공포와 같은 감정을 결정한다. 만약 편도체가 손상을 입으면 공포감이 없어진다. 예를 들어, 보통 원숭이는 뱀을 무서워하는데 편도체에 손상을 입은 원숭이는 뱀에 가까이 다가가도 전혀 무서워하지 않는다.

편도체는 싫어하거나 미워하는 것뿐만 아니라 좋아하는 감정도 담당하고 있다. 예를 들어, 좋아하는 이성이나 싫어하는 이성을 판단하는 것은 편도체의 일이다.

측좌핵은 변연계 중에서도 상부에 위치해 있으며, 변연계와 대뇌피질을 잇는 파이프 역할을 한다. 측좌핵을 자극하면 도파민이 분비되어 기분이 좋아지거나 의욕이 생긴다. 이 때문에 측좌핵은 '의욕 뇌'라고도 불린다.

대뇌기저핵은 대뇌피질과 뇌간 사이에 있으며 운동을 조절한다. 특히 근육이 연속되는 움직임 또는 특정 움직임이 시작되거나 끝나는 것을 컨트롤한다. 이렇다 보니 대뇌기저핵이 손상을 입으면 미묘한 움직임을 하기 어려워진다. 동작이 부자연스러워지는 파킨슨병이 그 전형이라고 할 수 있다.

또 대뇌기저핵의 과잉 활동으로 손발이나 안면이 불규칙한 경련을 일으키면 비정상적인 운동을 하는 무도병이 발생한다.

• 대뇌피질

대뇌의 가장 바깥쪽에 있는 대뇌피질은 사람의 경우 뇌 전체 부피의 80%를 차지하며, 성격, 창의성, 의식을 발생시킨다. 사람은 다른 동물과는 다른 존재인데, 이곳에서 이러한 차이를 만들어 내어 특별히 '대뇌피질'이라고 부르기도 한다.

대뇌피질은 네 개의 '엽'으로 나뉜다. 머리의 앞쪽 이마 부분이 전두엽, 머리의 제일 위쪽이 두정엽, 머리의 측면이 측두엽, 머리의 뒤쪽이 후두엽이다.

전두엽에서는 책임감, 야심, 창의성과 같은 사람한테서만 볼 수 있는 높은 수준의 '마음'을 만들어 낸다. 측두엽에서는 청각을 이용해 언어를 이해하거나, 형태나 그림 등을 인식하고 이들 정보가 축적된다.

전두엽과 측두엽을 합쳐서 연합령이라고 한다. 연합령 중에서도 앞쪽에 있는 전두연합령에서 사람의 이성이 생겨난다.

후두엽에는 눈으로 들어온 시각의 정보가 축적된다. 두정엽은 무언가를 만졌을 때의 감각이나 통증을 느끼거나 근육의 수축을 컨트롤한다. 후두엽과 두정엽을 감각령이라고 한다.

지금까지의 내용을 정리하면 다음과 같다.

(1) 마음은 뇌의 활동으로 발생한다.

(2) 마음은 욕망, 감정, 이성 3요소로 나눌 수 있다.

(3) 뇌는 뇌간, 대뇌변연계, 대뇌피질 3층 구조로 되어 있다.

(4) 마음의 3요소는 뇌의 3층 구조에 대응한다. 즉, 욕망은 하층에 있는 뇌간, 감정은 중층에 있는 대뇌변연계, 그리고 이성은 상층 대뇌피질의 활동에 의해 발생한다.

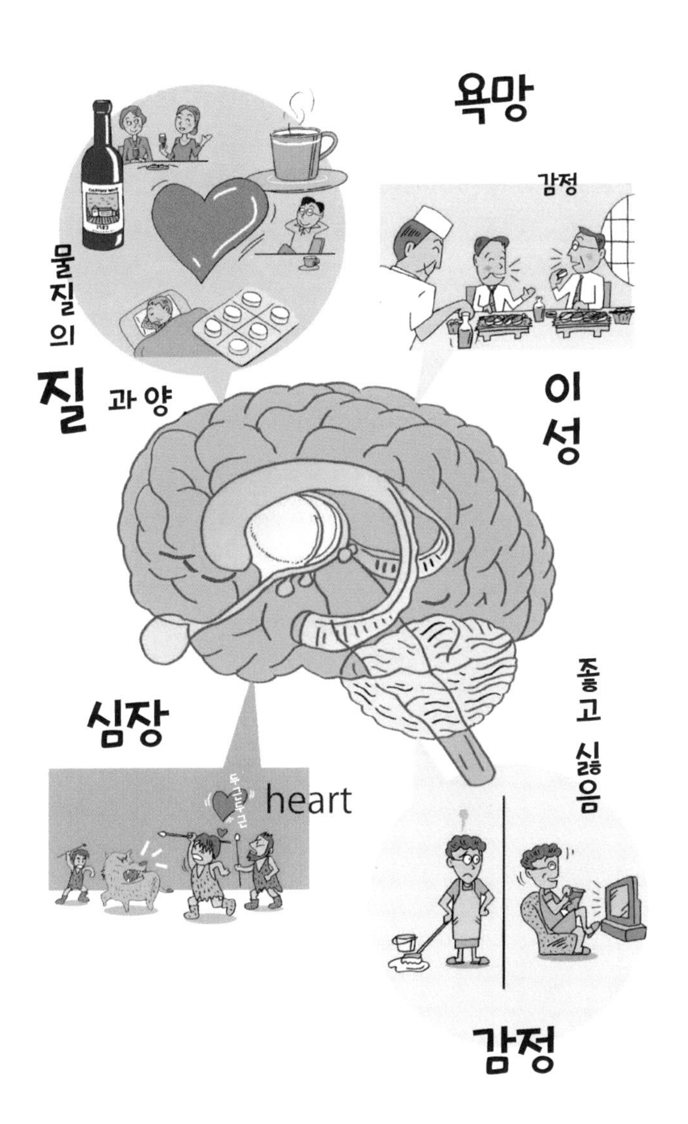
욕망
감정
물질의
질 과 양
이성
좋고 싫음
심장
heart
두근두근
감정

5 신경세포의 연결 방법

뇌는 수많은 영역으로 나뉘어 있으며, 회로(신경회로라고도 함)를 만든다. 그리고 각 영역은 독립적으로 존재하는 것이 아니라 신경세포가 길게 뻗은 축삭이라고 하는 케이블에 의해 연결되어 있다. 신경세포 내부에서 발생한 정보는 이 케이블을 통해 전달된다.

대뇌피질, 대뇌변연계, 뇌간 세 층은 신경세포라는 케이블에 의해 그물망처럼 촘촘히 연결되어 거대한 신경 네트워크를 형성한다. 뇌에서 이 신경 네트워크를 이용해 정보가 이동함으로써 마음이 발생한다.

정보는 전기신호 형태로 신경세포 속을 이동한다. 뇌의 모든 부서를 하나의 신경세포로 연결하는 것은 불가능하기 때문에, 신경세포 한 개가 전기신호로 운반해 온 정보를 다른 신경세포로 전달해야 한다.

여기에서 한 가지 문제가 발생한다. 신경세포와 신경세포 사이에 시냅스라고 하는 20~30나노미터(나노는 10억분의 1) 정도로 매우 작은 틈이 있기 때문이다. 전기신호는 아주 작은 틈조차도 통과하지 못하기 때문에 매우 불편하다.

그래서 시냅스까지 전달된 전기신호는 화학신호인 물질로 모습을 바꿔서, 전기로 전달할 수 없는 틈을 지나 다음 신경세포로 정보를 전달한다. 이 화학신호를 전달물질(신경전달물질)이라고 한다. 모든 전달물질은 신경세포 내부에서 만들어지며, 그 내부에 축적된다.

왜 정보를 전기신호 상태로 전달할 수 없을까? 전기신호로 전달하면 정보가 순식간에 확산하여 뇌 전체가 균일해지기 때문이다. 앞에서 말한 것처럼 뇌는 장소마다 역할을 분담하여 고도의 기능을 발휘한다. 시냅스는 이러한 분업을 가능케 하는 '칸막이'인 것이다.

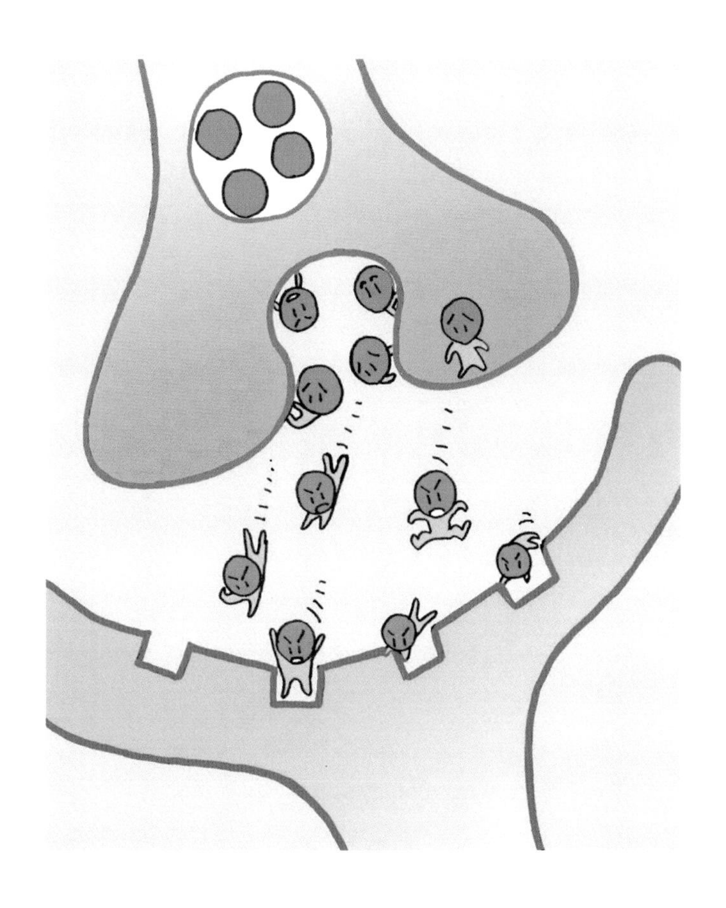

6 뇌를 돌아다니는 전달물질

그럼 전기신호가 어떻게 시냅스를 지나는지 살펴보자.

두 가지 신경세포가 있을 때 정보를 보내는 쪽을 절전섬유, 정보를 받는 쪽을 절후섬유라고 한다.

전기신호가 절전섬유인 신경세포 말단에 도달하면 전달물질 덩어리와 부딪치게 된다. 이 충격으로 덩어리는 신경세포 끝으로 이동해 막과 하나가 되어 용해되는데, 이것을 '융합'이라고 한다.

융합에 의해 덩어리에서 나온 전달물질이 신경세포 말단에서 시냅스로 뛰쳐나가 시냅스 반대편 해안에 있는 절후섬유로 헤엄쳐 간다. 그리고 전달물질이 수용체와 결합하면 전기신호가 발생하고, 정보가 전기신호가 되어 신경세포로 들어간다.

요컨대 절전섬유에서 분비된 전달물질이라는 공이 절후섬유 표면에 붙어 있는 수용체라는 단백질로 이루어진 캐처와 결합함으로써 정보가 신경세포에서 신경세포로 전달되는 것이다.

그런데 전달물질이 수용체와 결합하여 전기신호가 발생하는 이유를 이해할 수 있을까? 세포막은 통상 이온을 통과시키지 않는데, 막의 표면 곳곳에 특정 이온을 통과시키는 특별한 문(이온 채널)이 있다.

보통 이 문은 닫혀 있는데 전달물질이 수용체와 결합하면 그때까지 닫혀 있던 이온 채널이 열려 이온이 신경세포 안으로 들어간다. 이렇게 막의 전기적인 성질이 바뀌기 때문에 전기신호가 발생하는 것이다.

즉, 화학신호로 시냅스를 건넌 전달물질은 수용체와 결합하여 이온 채널을 열고, 이온이 신경세포 안쪽으로 이동하면 신경세포에 전기신호가 발생한다. 이 전기신호가 신경세포 속을 지나게 되면 정보가 뇌 속을 지나면서 마음이 생기는 것이다.

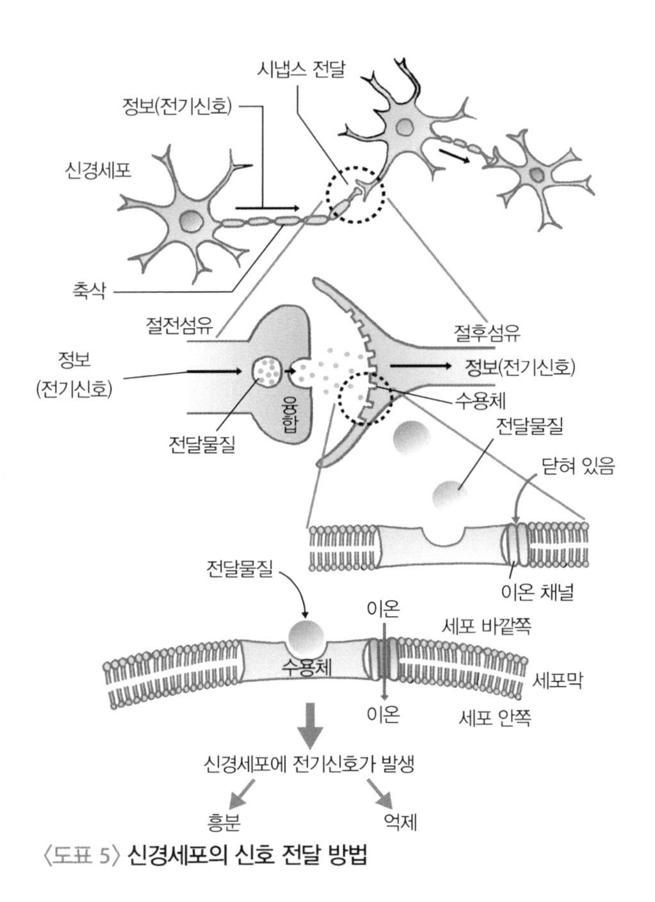

〈도표 5〉 **신경세포의 신호 전달 방법**

7 왜 소금이 필요할까

자동차도 액셀러레이터와 브레이크로 스피드를 적당히 조절하듯, 뇌에도 이러한 것이 있다. 정보에는 뇌를 흥분시키는 액셀러레이터(전기신호가 강해짐)와 뇌의 흥분을 억제하는 브레이크(전기신호의 발생이 억제됨)가 있다. 그리고 액셀러레이터와 브레이크는 신경세포 안으로 어떤 이온이 들어가는지에 따라 결정된다.

예를 들어, 나트륨이 세포 안으로 들어가면 신경세포를 흥분시키는데, 클로라이드(염소 이온)가 들어가면 신경세포의 흥분이 억제된다. 신경세포의 흥분 정도는 액셀러레이터인 나트륨과 브레이크인 클로라이드에 의해 조절된다.

나트륨과 클로라이드 모두 우리가 매일 식사로 섭취하는 염분(염화나트륨, 화학식 NaCl) 성분이다.

우리는 짠맛이 없는 음식은 싱겁다는 이유로 간장이나 소금을 첨가한다. 그런데 우리가 소금을 필요로 하는 진짜 이유는 음식 맛 때문이 아니라, 뇌 속 신경세포의 흥분을 전달하여 생물로서 오래 살기 위해서다.

전달물질은 시냅스를 지나 절후섬유의 수용체와 결합해 모든 정보를 전달하면 수용체에서 분리된다. 그러면 역할을 다한 전달물질은 효소에 의해 즉시 분해되거나 신경세포에 의해 회수되어 재이용된다.

뇌는 전선처럼 깔린 신경세포를 통해 온몸으로 정보를 전달한다.

정보는 신경세포 내부에서는 전기신호이지만, 시냅스에서는 그 모습을 전달물질로 바꿔 신경 네트워크로 이동한다. 전달물질이 뇌 속을 돌아다님으로써 마음이 발생하는 것이다.

8 마음을 만드는 전달물질

시냅스에서의 전달물질 움직임이 신경세포의 흥분 정도, 즉 뇌의 활동을 결정한다. 이 때문에 전달물질의 양은 꽤 엄격히 조절된다. 다시 말하면, 마음 상태는 뇌 신경 네트워크의 신경 말단에서 시냅스로 분비되는 전달물질의 종류와 양에 의해 결정된다.

지금까지 100종류가 넘는 전달물질이 발견되었으며, 전달물질에는 아세틸콜린, 노르아드레날린, 도파민, 세로토닌, 가바 등이 있다.

각 물질을 분비하는 신경의 앞에 이들 이름을 붙여, 아세틸콜린 신경, 노르아드레날린 신경, 도파민 신경, 세로토닌 신경, 가바 신경이라고 부르기도 한다.

가바 신경은 뇌 전체에 퍼져 있다. 가바는 γ-아미노낙산의 약자로, 글루탐산에서 한 스텝에 만들어진다. 가바 신경은 뇌를 진정시키며, 뇌의 비정상적인 흥분을 억제하는 브레이크 역할을 담당한다.

도파민 신경은 대뇌변연계에 집중되어 있으며, 신경 말단에서 도파민을 분비하여 쾌감과 도취감을 부여한다.

세로토닌 신경은 시상하부, 대뇌변연계를 중심으로 뇌 전체에 퍼져 있으며, 신경 말단에서 세로토닌을 분비한다. 세로토닌은 행동에는 억제 작용을 하지만, 세로토닌이 부족하면 식욕이나 성욕이 항진하여 기분이 저하된다.

아세틸콜린 신경은 해마를 중심으로 시상의 조금 아래에서 운동령으로 뻗어 있으며, 신경 말단에서 아세틸콜린을 분비한다. 아세틸콜린은 각성, 학습, 수면에 깊이 관여한다.

지금까지의 설명으로 전달물질에는 신경을 흥분시키는 액셀러레이터와 이와 반대로 신경의 흥분을 억제하는 브레이크 두 종류가 있다는 것을 알았다. 이 모습은 자동차 속도가 액셀러레이터와 브레이크로 조절되는 것과 같다.

주요 전달물질 중 아세틸콜린, 노르아드레날린, 도파민은 뇌의 흥분을 고조시키는 액셀러레이터, 가바는 신경의 흥분을 억제하는 브레이크와 같은 역할을 한다.

〈도표 6〉 **주요 뇌 신경 전달물질과 그 기능**

아미노산	가장 일반적인 신경전달물질로, 정보 전달 전반에 관여	글루탐산(가장 전형적인 흥분성 전달물질. 기억 구조에 관여) 타우린(뇌 속에 넓게 고밀도로 분포. 전달물질의 조정 역할?) 가바(=γ–아미노낙산. 가장 많은 양을 차지하는 억제성 전달물질) ……이 외에도 아스파르트산, 글리신 등 20종류 정도 있음
생리 활성 아민	카테콜아민산	도파민(뇌에 넓게 분포. 공격성, 창의성, 조현병, 파킨슨병에 깊이 관여) 노르아드레날린[=노르에피네프린. 뇌에 넓게 분포. 우울, 행복, 불안 등 정동(강렬한 일시적인 감정)에 깊이 관여]
	인돌아민산	세로토닌(뇌에 넓게 분포. 각성 · 수면 등의 생체 리듬이나 정동에 깊이 관여) 세라토닌(세로토닌으로 만들어짐. 생체 리듬에 깊이 관여)
	이미다졸아민	히스타민(온몸의 조직에 존재하는데, 뇌에도 존재하는 것으로 알려져 있음)
	콜린계	아세틸콜린(제일 처음 발견된 전달물질. 기억에 관여. 알츠하이머의 치료제로 주목받고 있음)
신경 펩티드 (뇌의 조정 역할)	오피오이드 펩티드 (마약성 물질)	엔도르핀류(β–엔도르핀 등. 통증을 완화하는 기능. 행복감에도 관여?) 엔케팔린류(메티오닌 엔케팔린, 로이신 엔케팔린 등) 다이놀핀류
	그 외 신경 펩티드	P 물질(말초에서 중추로 전달되는 통증 전달에 관여) ACTH(=코르티코트로핀. 기억에 관여) 바소프레신(기억에 관여) ……이 외 다양한 신경 펩티드가 존재하는 것으로 알려져 있으며, 그 기능을 규명 중
그 외	기체 물질	일산화질소(=NO 순환기계나 면역계에 깊이 관여)

9 마음의 병은 전달물질의 불균형에 의해 발병한다

신경세포가 노르아드레날린이나 도파민과 같은 흥분성 전달물질을 대량으로 받아들이면 액셀러레이터를 세게 밟아 과도한 흥분 상태가 된다. 그러면 안절부절못하고 진정이 안 된다. 또는 불안해서 앉아 있든 서 있든 안정이 안 되는 병적인 상태가 된다.

반대로 신경세포가 가바와 같은 억제성 전달물질을 대량으로 받아들이면 브레이크가 과하게 걸려 흥분이 너무 적은 상태가 된다. 그러면 기분이 무겁고 무기력해진다.

주로 '평상심'이라고 하는데, 평상이란 뇌 속 신경세포의 흥분 정도가 적절한 상태를 말한다. 즉, 신경세포가 받아들이는 흥분성 전달물질의 양과 억제성 전달물질의 양이 적당히 균형 잡힌 상태가 평상심이다.

이 두 전달물질 중 하나가 과잉되거나 결핍되면 미묘한 균형이 무너져 다양한 마음의 병이 생긴다.

예를 들어, 노르아드레날린의 양이 적당하면 우리는 기분 좋게 약간의 긴장을 느끼며 양호한 건강 상태가 된다. 그런데 노르아드레날린이 과잉되면 불안이나 조증을 유발하며, 반대로 노르아드레날린이 결핍되면 기분이 가라앉고 우울해진다.

통상 뇌에서 신경세포의 흥분 정도는 전달물질에 의해 균형을 유지하도록 조절된다. 그러나 환경의 변화나 대인관계의 마찰 등으로 인해 특정 전달물질이 과잉 또는 결핍될 때가 있다. 이때 뇌 속 전달물질의 균형이 무너져 마음의 병이 생긴다.

이러한 마음의 병을 치료하기 위해서는 불균형 상태를 원래 상태로 되돌리면 된다. 그러려면 적당한 양의 물질을 외부에서 뇌로 보내야 한다. 이때 이용되는 물질이 '약'이다. 하지만 약이 아니더라도 뇌 속 전달물질의 양에 영향을 미치는 모든 물질은 많든 적든 마음 상태를 바꾼다.

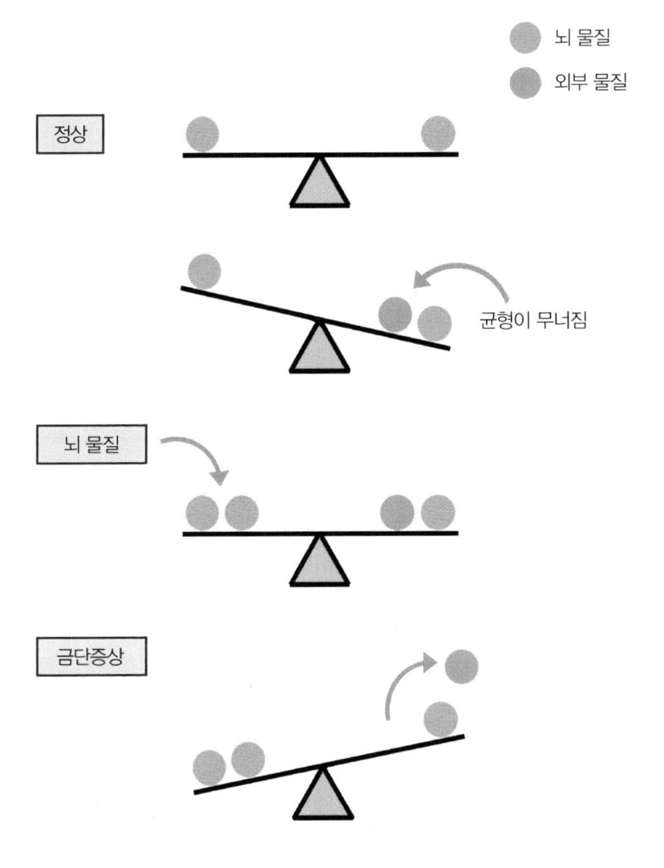

〈도표 7〉 의존과 내성이 발생하는 구조

10 마음이나 몸을 만드는 물질

우리는 하루에 1~2킬로그램이나 되는 음식과 음료를 섭취한다. 샐러드, 비프스테이크, 돈가스, 회, 두부, 낫토, 카레라이스, 커피, 맥주 등 다양한 음식과 음료를 섭취하는데, 일단 위에서 소화·흡수되면 그릇에 담겨 있을 때의 모습은 완전히 사라지고 물질(영양소)이라는 진정한 모습을 드러낸다.

물질로서의 진정한 음식의 모습은 단백질, 지방, 당류다. 이들은 3대 영양소로 불리며, 인체 성분이나 몸을 움직이는 에너지가 된다. 또 3대 영양소가 인체에서 이용되기 위해서는 효소 작용이 필요하다. 효소 작용을 돕는 것이 비타민과 미네랄이다.

약이나 독소의 섭취량은 1그램 또는 그 이하이기 때문에 음식의 섭취량과 비교하면 세 자릿수나 차이가 난다. 그런데도 약이나 독소는 마음이나 몸에 큰 영향을 미친다. 바꿔 말하면 약이나 독소는 효과가 굉장히 큰 물질이다.

사람의 병을 치료하기 위해 이용되는 약은 매우 적은 양으로 마음이나 몸 상태를 크게 바꾸기 때문에, 잘못 사용하면 오히려 증상을 악화하기도 한다. 극단적인 경우에는 목숨을 앗아 갈 수도 있다.

한편 독소는 인체에 유해한 물질로, 잘못 섭취하면 건강을 해치거나 병에 걸리게 한다.

약과 독소는 완전히 반대 효과를 초래하는 물질이지만, 소량으로 마음이나 몸에 큰 영향을 미친다는 점에서는 같다고 할 수 있다. 따라서 이 두 가지를 '생리활성물질'이라고 부르기도 한다.

우리의 몸은 매일 섭취하는 단백질, 지방, 당류 등의 영양소를 바탕으로 만들어진다. 바꿔 말하면 우리는 우리가 먹는 음식으로 형성된다.

하지만 우리는 물질에 일방적으로 지배되는 것은 아니다. 어떤 물질을 섭취할지 결정하는 것은 어디까지나 우리 자신이기 때문이다.

우리는 좋은 뇌를 만드는 음식, 뇌에 좋은 영향을 미치는 영양소를 섭취해야 한다. 그렇게 하기 위해서는 뇌에 어떤 물질이 어떤 효과를 미치는지 알아야 한다. 이러한 이유에서 이 책을 읽어 주기 바란다.

11 물질의 명칭

커피나 차에 함유된 뇌를 흥분시키는 성분은 카페인이고, 맥주나 와인, 일본주에 함유된 뇌를 릴랙스시키는 성분은 에탄올이다.

이와 관련하여 일상생활에서는 에탄올을 알코올이라고 부르는 경우가 많은데, 이는 정확한 표현이 아니다. 그 이유는 에탄올뿐만 아니라 알코올램프의 연료로 사용되는 에탄올이나 소독에 이용되는 이소프로판올도 알코올의 일종이기 때문이다.

카페인이나 에탄올은 '화학명'이다. 화학명이란 화학적으로 올바른 이름이다. 화학명의 장점은 물질을 정확히 특정할 수 있어서 쉽게 실수하지 않는다는 것이다. 그러나 약처럼 복잡한 물질을 화학명으로 부르는 것은 이름이 굉장히 길어져서 매우 불편하다.

파킨슨병의 치료약 'L-도파'를 예로 들어 보자. L-도파의 화학명은 물질의 형태를 정확히 읽은 것으로, 3-히드록시-L-티로신 또는 L-β-(3, 4-디히드록시)알라닌이다.

이 이름을 들으면 L-도파의 진짜 모습(분자 구조)을 정확히 재현할 수 있지만, 이렇게 긴 이름을 일일이 부르는 것은 병원 등 바쁜 직장에서는 매우까지는 아니더라도 실용적이지 않다.

그래서 더욱 실용적인 명칭이 요구되는 것이고, 그것이 '일반명'이다. L-도파는 전 세계적으로 사용되는 이름이다. 그렇다면 약을 일반명으로만 부르면 되지만, 그렇게 할 수는 없다.

약에는 상품명(또는 상표명)이라고 하는, 제약회사가 약을 판매하기 위해 붙인 이름이 있기 때문이다. 이것은 약의 닉네임과 같은 것으로, 제약회사가 자체적으로 붙인 이름이다. 그렇기 때문에 같은 약이더라도 회사마다 상품명이 다르다.

예를 들어, 일반명이 L-도파인 것을 도파스톤(오하라), 도파졸(다이이찌산쿄), 도파르(쿄와하코기린)처럼 회사마다 다른 상품명으로 부른다.

또 아스피린이라는 약은 해열 · 진통 이외에 심장병 예방에도 이용된다. 이 이름은 바이엘사가 붙인 상품명으로, 화학명은 '아세틸살리실산'이다. 그렇지만 화학명인 아세틸살리실산보다 아스피린이라는 상품명이 훨씬 널리 알려져 있다.

이러한 내용을 바탕으로 이 책에서 물질명은 특별히 문제되지 않는 한 일반명으로 표기하고, 상품명과 화학명을 사용하는 경우에는 그 취지를 설명하겠다.

〈도표 8〉 **화학명 · 일반명 · 상품명 사례**

화학 구조식	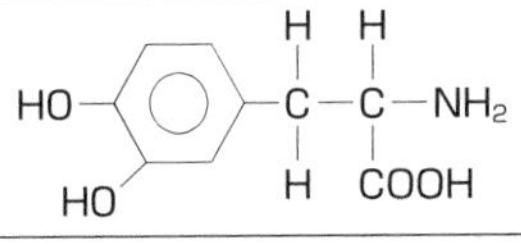 HO, HO, H H, C–C–NH_2, H COOH	
화학명	(학술적인 정식 명칭)	3–히드록시–L–티로신 또는 L–β–(3, 4 –디히드록시페닐) 알라닌
일반명	(화학명보다 짧고, 세계적으로 통용되는 명칭)	L–도파(레보도파)
상품명	(제약회사가 붙인 명칭)	도파스톤(오하라) 도파졸(다이이찌산쿄) 도파르(쿄와하코기린)

12 혈액-뇌 관문은 뇌의 관문

뇌는 가장 중요한 기관이기 때문에 체내에 섭취된 모든 물질이 뇌로 직접 들어가면 견디지 못한다. 그렇게 되면 너무 위험하다. 그래서 뇌에 필요한 물질만 선별해서 들여보내는 '문'이 있는데, 이 문을 '혈액-뇌 관문'이라고 한다.

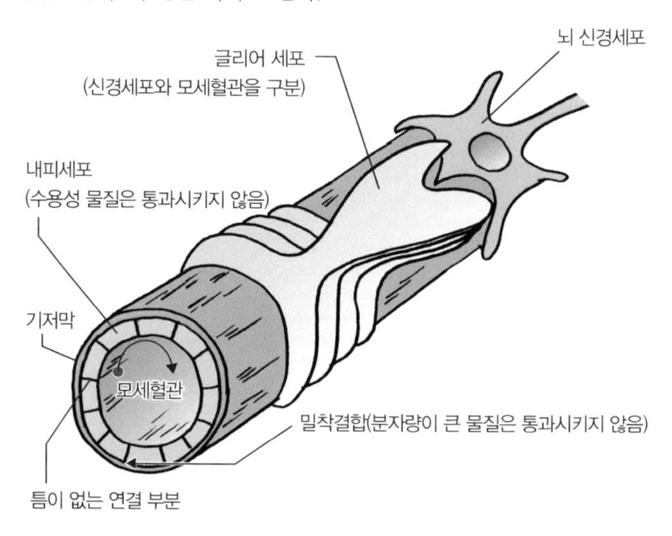

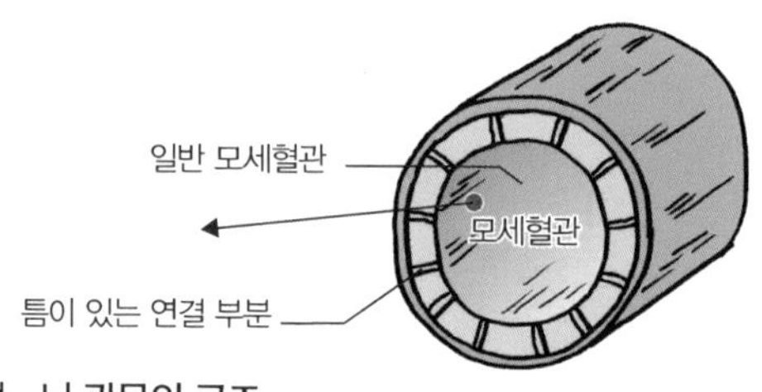

〈도표 9〉 혈액 – 뇌 관문의 구조

혈액-뇌 관문을 통과한 물질만 뇌로 들어가, 뇌의 신경세포를 만들고 전달물질이 되어 뇌 속을 돌아다니면서 우리의 마음을 만들거나 마음을 바꾼다. 따라서 대량의 물질이 혈액에 들어가더라도 뇌에 들어가지 않으면 뇌에 직접적인 영향을 미치지 않는다.

혈액-뇌 관문은 물질의 침입으로부터 세 개의 벽으로 뇌를 보호한다. 제1벽은 특수한 구조로 되어 있는 뇌의 모세혈관 그 자체다.

모세혈관은 내피세포라고 하는 세포로 감긴 튜브 모양으로 되어 있다. 이 튜브 속을 물질이 들어간 혈액이 흐른다. 뇌 이외의 장기에서는 내피세포 끝에 작은 '틈'이 있어서, 혈액에 들어간 물질이 통과할 수 있다.

그러나 뇌는 '틈'이 없는 '밀착결합'으로 되어 있다. 따라서 수용성 물질이나 분자량이 큰 물질은 통과할 수 없다. 물질이 혈액에 들어간 것만으로는 뇌에 들어갈 수 없는 것이다.

제2벽은 글리어 세포라고 하는 뇌에만 있는 세포다. 일반적으로 모세혈관은 조직세포에 바로 접해 있는데, 뇌의 경우는 그 사이가 글리어 세포로 막혀 있다. 글리어 세포에는 특별한 물질만 선별하여 이동시키는 운반체가 내장되어 있어서, 이것이 필요한 물질만 뇌로 들여보낸다.

제3벽은 특수한 성질이 있는 모세혈관벽이다. 벽은 '인지질'이라고 하는 지방으로 이루어져 있으며, 이 벽을 통과할 수 있는 물질만 뇌로 들어갈 수 있다.

막을 통과할 수 있는 물질의 조건은 막과 성질이 비슷해야 한다는 점이다. 요컨대 친구는 들여보내 주겠다는 것이다. 예를 들어, 일요일에 간단히 목공 일을 하다 묻은 기름때는 휘발유로 씻으면 쉽게 지워진다. 기름때는 지용성이기 때문에 휘발유라는 기름에 잘

녹기 때문이다. 이것을 화학에서는 '비슷한 것은 비슷한 것을 녹인다'고 표현한다.

학교에서는 친한 친구들끼리 친구 그룹을 만든다. 직장에서도 마음이 맞는 동료들끼리 그룹을 만든다. 비슷한 사람들끼리 모이는 것은 인간관계에서도, 물질이라는 마이크로 세계에서도 같다는 것을 알 수 있다.

기름때 예에서도 알 수 있듯이 지용성이 높은 물질은 혈액-뇌 관문을 통과할 수 있다. 그러나 그 반대 성질인 수용성이 높은 이온과 같은 하전(플러스나 마이너스 전하) 물질은 지방으로 된 막에 부딪혀 통과할 수 없다.

다만 이 원칙에는 예외가 있는데, 뇌의 신경세포가 살아가는 데 필요한 물질은 통과할 수 있다. 예를 들면, 아미노산이나 포도당과 같은 영양소, 나트륨이나 클로라이드, 칼륨과 같은 신경세포의 흥분과 관련된 이온, 인슐린이나 인슐린 성장 인자와 같은 중요한 물질은 통과할 수 있다.

이 경우 나트륨, 클로라이드, 칼륨 등의 무기 이온은 이온 채널(p. 28 참조)을 지나 신경세포 안쪽으로 들어간다. 또 인슐린이나 인슐린 성장 인자 등은 앞에서 서술한 글리어 세포에 내장된 운반체에 의해 옮겨진다.

• 걸프전쟁의 수수께끼: 원인 불명의 후유증으로 고통받는 군인

1990년, 이라크의 사담 후세인 대통령은 쿠웨이트를 침략하고 더 나아가 사우디아라비아도 수중에 넣으려고 했다. 그의 야망에 대해 미국의 조지 부시 대통령이 단호하게 "No, 당신은 그럴 수 없다. 그래도 침략하겠다면 미국이 상대하겠다"고 대답한 것이 걸프전쟁이다. 이라크군은 미군을 중심으로 한 UN군의 압도적인 하이테크 파워 앞에 손도 못 쓰고 물러났다.

그렇지만 대승한 UN군에도 사상자가 조금 나온 것은 물론 원인 불명의 후유증으로 고통받는 군인들이 많았다. 예를 들면, 걸프전쟁에 참가한 이스라엘군은 만성적인 피로와 두통, 현기증, 관절통, 면역력 저하와 같은 증상을 보였으며, 마음의 병으로 힘들어하는 군인 수가 전쟁에 참여하지 않은 군인의 세 배에 달했다.

이 후유증은 이라크군이 사용한 것으로 알려진 사린과 같은 유기인계 때문이 아니냐는 의심을 사고 있다.

풀리지 않는 의문은 한 가지 더 있다. 미군은 유기인계 공격에 대비해 피리도스티그민 브로마이드(카르바메이트계 살충제)라는 사린 해독제를 미리 복용했었다. 그런데 뇌나 마음의 이상을 호소하는 군인들이 꽤 있었다.

어쩌면 뇌에 발생한 이상은 카르바메이트계 살충제에 의한 부작용이 아닐까? 하지만 카르바메이트계 살충제는 제4급 암모늄염으로 투여했기 때문에 혈액-뇌 관문을 통과할 수 없었을 것이다.

전쟁 참전에 따른 단순한 정신적 스트레스, 카르바메이트계 살충제 섭취로 인한 아직 밝혀지지 않은 부작용, 이라크군이 사용한 것으로 알려진 사린과 같은 화학 무기 중 어떤 것 때문에 뇌의 이상이 발생했을까?

이 의문은 '걸프전의 수수께끼'라고 하여 관계자를 오랫동안 괴롭혀 왔는데, 이 수수께끼를 풀 수 있는 힌트를 얻게 되었다.

• 스트레스로 혈액-뇌 관문이 무너지다

이라크에서 지리적으로 가까운 이스라엘은 사린 등 유기인계를 탑재한 미사일 공격에 대항하기 위해 관련 물질의 해독에 대한 연구를 적극적으로 실시하였다. 사린 해독제 중 하나가 미군이 걸프전에서 사용한 피리도스티그민이다.

1996년 이스라엘의 과학자는 피리도스티그민을 생쥐에게 투여하고 스트레스를 가하자 혈액-뇌 관문이 무너졌다는 것을 발표하였다.

예루살렘 히브리대학의 아론 프리드먼 그룹은 몇 시간 동안 수영시켜 스트레스를 가한 쥐와 그렇지 않은 쥐를 준비하여 두 그룹에 피리도스티그민을 투여하였다.

그러자 스트레스를 받은 쥐는 불과 100분의 1의 피리도스티그민으로 뇌 속의 아세틸콜린 에스테라아제라는 효소 활동을 방해하는 것이 확인되었다.

즉, 스트레스를 받은 쥐의 혈액-뇌 관문은 스트레스를 받지 않은 쥐보다 100배나 쉽게 무너진다는 것을 알 수 있다.

혈액-뇌 관문이 무너지는 이유는 아직 밝혀지지 않았지만, 스트레스에 의해 글리어 세포에 쌓여 있는 운반체의 형태가 바뀌면서 평소라면 받아들이지 않는 물질도 뇌 속으로 받아들인다는 추측도 있다.

쥐의 실험 결과가 사람에도 적용된다고 한다면, 앞에서 소개한 '걸프전의 수수께끼'는 해결된다. 즉, 전장 참여라는 큰 스트레스에 노출된 군인의 혈액-뇌 관문에 미세한 틈이 생기고, 이 틈으로 평소에는 들어오지 않던 물질이 뇌로 침입함으로써 전달물질의 균형이 무너져 뇌에 이상이 생긴 것으로 이해할 수 있다.

이스라엘의 과학자에 의한 보고는 쥐로만 실험된 것이며, 피리도스티그민만을 대상으로 하였기 때문에 사람의 혈액-뇌 관문도 스트레스로 무너지기 쉽다는 결론은 내릴 수 없다.

그러나 스트레스가 우리의 뇌 건강에 중대한 영향을 미친다는 것 정도는 알 수 있다.

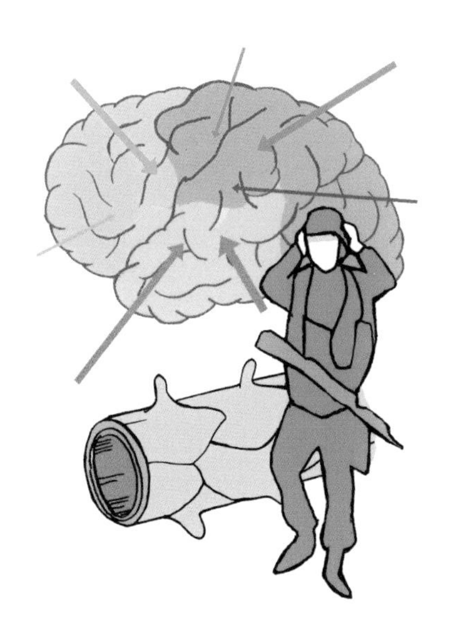

13 내성이 생기다

뇌와 마음에 영향을 미치는 물질은 다른 약보다 약물 의존도(단순히 '의존'이라고 표현하기도 함)가 높다. 그리고 의존 전에 반드시 내성이라는 현상이 확인된다.

내성이란 어느 물질을 같은 양 여러 번 복용하면 효과가 점점 떨어지는 현상이다. 즉, 이전까지 효과가 있었던 양을 복용해도 같은 효과를 얻을 수 없게 되는 것이다. 내성이 생기는 이유는 뇌와 몸이 물질에 익숙해지기 때문이다.

내성이 생기면 같은 효과를 얻기 위해 더 많은 물질을 투여할 수밖에 없다. 그러나 이렇게 반복하면 더 많은 양에 대해서도 내성이 생겨 효과를 볼 수 없다. 그러면 더 많은 양의 물질을 복용하게 되고, 또 그 양에 대해서도 내성이 생기기 때문에 마치 약물 트레이닝을 하는 것처럼, '족제비 놀이(역자 주: 손을 번갈아 가면서 포개어 꼬집는 일본 놀이)'가 반복된다.

이 족제비 놀이가 일정 수준에 도달하면 내성은 생명과 직결된 위험한 영역에까지 이른다. 예를 들면, 내성이 없었던 사람이 섭취하면 즉사할 정도의 다량의 물질을 복용해도 아무렇지 않은 내성인도 있다.

내성이 잘 생기는 물질은 그만큼 위험하다. 모르핀, 알코올, 대부분의 수면제, 각성제, 코카인 등이 내성 물질이다.

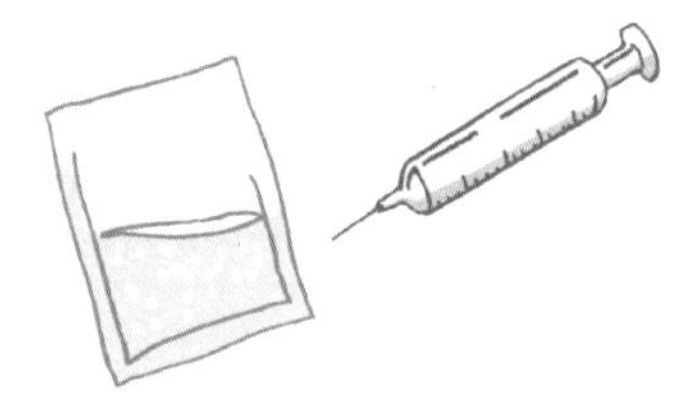

14 내성이 발생하는 구조

그렇다면 어떻게 내성이 생기는 것일까?

신경세포가 수용체의 양을 늘리거나 줄여서 물질의 효과를 저하시키는 것이 대표적이다.

내성 발생에는 또 다른 한 가지, 남는 물질을 체외로 배출하는 해독이라는 구조가 있다. 해독에 의해 효과가 감소하는 대표적인 물질이 모르핀, 알코올, 바르비투르산계(수면제)다.

우리 몸은 인체에 방해가 되는 약이나 독소를 한시라도 빨리 체외로 배출하고 싶어 한다. 그러나 대부분의 약이나 독소는 지용성이기 때문에 그대로는 물에 녹지 않아서 소변과 함께 배출할 수 없다. 그래서 지용성 약이나 독소를 수용성으로 가공해야 한다.

이를 담당하는 것이 간이며, 시토크롬 P-450이라는 효소가 약이나 독소에 산소 원자를 부착해 산화한다. 산화된 약이나 독소는 물에 쉽게 녹아 소변과 함께 배출된다. 체내에 들어온 약이나 독소의 90%는 이 시토크롬 P-450에 의해 분해된다.

모르핀, 알코올, 바르비투르산계를 섭취하거나 담배를 피우면 시토크롬 P-450이 대량 생산되어 해독이 활발해진다. 그런데 해독은 이들 물질에 대해서만 아니라 어떤 물질에나 활발해진다. 그렇기 때문에 평소 알코올을 다량 섭취하는 사람, 수면제인 바르비투르산계를 섭취하는 사람, 담배를 피우는 사람은 수술할 때 마취가 잘되지 않는다.

15 약물 의존

의존에는 정신적인 것과 육체적인 것이 있다. '정신적인 의존'이란 물질을 구하지 못할 때나 물질 복용을 중단했을 때 물질이 갖고 싶어 참을 수 없게 되고, 마음대로 구할 수 없으면 기분이 침체되는 것이다.

정신적인 의존을 일으키는 물질에는 코카인(통칭 코크), 암페타민(통칭 스피드), 메스암페타민(통칭 필로폰), 시너, LSD(lysergic acid diethylamide의 약자) 등이 있다.

한편 '육체적인 의존'은 정신적인 의존보다 훨씬 강하다. 물질이 몸에 있는 상태에 완전히 익숙해져서 물질을 복용하지 않으면 콧물, 설사, 구토, 떨림, 경련과 같은 금단증상이 나타난다.

이러한 금단증상이 바로 육체적으로 의존한다는 증거다. 예를 들어, 헤로인 중독자가 갑자기 헤로인 섭취를 중단하면 콧물이 나오고 떨림, 발열, 설사 등의 증상이 나타난다.

〈도표 10〉 정신적인 의존을 일으키는 물질과 육체적인 의존을 일으키는 물질

정신적인 의존을 일으키는 물질
코카인(통칭 코크)
암페타민(통칭 스피드)
메스암페타민(통칭 필로폰)
시너(유기용제)
LSD

육체적인 의존을 일으키는 물질
알코올
바르비투르산계
벤조디아제핀계
헤로인
모르핀
메타손

최면이나 진정 작용이 있는 물질은 거의 대부분 육체적인 의존을 일으키며, 알코올, 바르비투르산계, 벤조디아제핀계, 헤로인, 모르핀, 메타손(장시간 유효한 합성 마약, 일본에서는 미승인) 등이 있다.

• 내성과 금단현상

그럼 이러한 의존이나 금단현상은 왜 나타나는 것일까?

우리 뇌에서는 전달물질이 격렬히 이동하는데, 보통 흥분성 물질과 억제성 물질의 균형이 잡혀 있어 평상심 상태가 유지된다. 그런데 외부로부터 섭취한 물질은 어느 한쪽에만 관련이 있기 때문에 뇌 속 물질의 균형을 무너뜨린다.

물론 뇌 속 물질의 균형 붕괴는 신경세포가 감시하고 있어서 외부 물질이 존재하는 상태에서도 뇌 속 물질의 균형이 유지될 수 있도록 수용체나 전달물질의 양을 미세하게 조절한다. 이렇게 뇌 속 물질의 균형이 다시 유지된다.

실로 대단하다고 감탄하겠지만, 이것이 물질을 섭취하지 않으면 참지 못하는 의존과, 섭취해도 효과가 없는 내성이 발생하는 원인이라는 점에서 참 아이러니하다. 왜 이런 아이러니한 상황이 발생하는 걸까?

외부에서 들어온 물질이 존재하는 상태에서 뇌 물질의 균형을 유지했는데 갑자기 물질의 섭취를 중단하면 어떻게 될까? 물질이 존재하는 상태에서 신경세포의 미세한 조정으로 잡혔던 균형이 급격하게 무너진다.

이러한 불균형을 회복하고 싶어서 그 물질을 섭취하지 않으면 참을 수 없게 된다. 의존이 발생한 것이다. 또 뇌 속 물질의 균형이 무너지면 당연히 심신에 변조가 생긴다. 이것이 금단현상이다.

예를 들어, 헤로인을 복용하면 장의 움직임이 느려지면서 변비가 생긴다. 그러나 수일에 걸쳐 헤로인을 복용하면 체내의 다른 구조가 장의 움직임을 늦추는 헤로인 효과를 중화하기 위해 활동한다. 이윽고 장은 다시 움직이기 시작하고 변비는 진정된다. 이것이 내성의 발생이다.

그런데 일단 내성이 발생한 다음 헤로인 복용을 중단하면 중화구조가 장의 움직임을 너무 활발히 하기 때문에 이번에는 설사를 유발한다. 설사라는 증상은 더욱 명확하고 신뢰할 수 있다. 그리고 가장 빈번히 볼 수 있는 헤로인 중독의 금단현상이다.

즉, 신경세포에 의한 미세 조정 구조 자체가 뇌 물질 흐름의 불균형을 낳는 원인이 되는 것이다. 이를 통해 내성 발생에 이어 육체적 의존으로 발전하는 것을 알 수 있다.

내성이 생기기 쉬운 물질은 의존하기도 쉽고 그만큼 위험하다. 모르핀과 알코올, 대부분의 수면제, 코카인, 각성제 등이 여기에 해당한다.

2장

뇌 물질의 불균형이 일으키는 병

1장에서는 뇌의 전달물질이 균형 잡힌 상태가 평상심 상태임을 설명하였다. 이 균형은 흥분을 전달하는 흥분성 신호(자극 신호라고도 함), 흥분을 억제하는 억제성 신호와 같은 정반대의 두 가지 신경신호에 의해 조절된다.

흥분성 신호는 전달물질을 받아들인 신경세포를 흥분시키거나 또는 흥분 정도를 더욱 강화하고, 억제성 신호는 전달물질을 받아들인 신경세포의 흥분을 약화한다. 자동차 운전에 비유하면, 흥분성 신호는 액셀러레이터, 억제성 신호는 브레이크에 해당한다.

하나의 신경세포에는 여러 흥분성 신호와 억제성 신호가 들어 있다. 어느 한 신경세포가 흥분하거나 흥분하지 않는 것은 이들 신호의 합계에 의해 결정된다.

신경신호가 흥분성인지 아니면 억제성인지는 전달물질의 종류(즉, 수용체 종류)로 결정된다. 또 그 세기는 수용체와 결합하는 전달물질의 양(즉, 전달물질이 결합한 수용체의 수량)에 의해 결정된다.

이 장에서는 전달물질의 균형이 유지되지 않으면 어떻게 병이 유발되는지 살펴보겠다.

1 전달물질은 어떤 모양일까

흥분성 신호를 발생시키는 대표적인 전달물질은 노르아드레날린, 아드레날린, 세로토닌, 도파민, 아세틸콜린이다. 이 중 아드레날린은 노르아드레날린과 분자 구조가 매우 비슷해서, 이 책에서는 노르아드레날린으로 대표하겠다.

한편 가바는 억제성 신호를 발생시키는 대표적인 전달물질이다.

이들 물질의 분자 구조와 효과를 그림으로 나타냈다(p. 55). 그림을 통해 다음과 같은 전달물질의 세 가지 특징을 알 수 있다.

(1) 모든 전달물질은 질소 원자(N)를 갖고 있으며, '탄소-탄소-질소'라는 세 원자가 이어진 'C-C-N' 결합을 이루고 있다. 'C-C-N' 결합은 뇌와 마음을 만드는 전달물질에서 공통으로 볼 수 있는 결합 패턴이다.

(2) 노르아드레날린, 세로토닌, 도파민 모두 한 개의 질소 원자에 두 개의 수소 원자(H)가 결합한 아미노기(-NH_2)라는 단위를 갖고 있다. 이렇게 아미노기가 있는 물질을 '아민류'라고 한다.

그중에서도 노르아드레날린, 세로토닌, 도파민은 아미노기를 한 개 포함하고 있어서 '모노아민'이라고 부른다. 모노아민은 아미노산에서 이산화탄소 단위인 카복실기(-COOH)가 탈탄산 효소에 의해 제거되어 생긴다.

가바는 아미노기 이외에 카복실기도 갖고 있어서 아미노산의 친구라고 할 수 있다.

(3) 노르아드레날린과 도파민, 세로토닌에는 '거북 등딱지'가 붙어 있다. 이것을 '벤젠고리'라고 하며, 탄소가 육각형으로 이어진 것이다. 육각형 안에 원이 있는 것은 벤젠고리의 생략 기호이며, 이 책에서는 이를 '거북'이라고 부르겠다. 그렇다면 노르아드레날린과 도파민은 '거북-C-C-N' 결합으로 표현할 수 있다.

세로토닌은 육각형 거북 옆에 오각형 거북이 밀착한 독특한 모양을 하고 있다. 이것을 '인돌고리'라고 한다. 인돌고리는 육각형만 있는 벤젠고리보다 조금 큰데, 성질은 벤젠고리와 거의 비슷해서 이것도 '거북'이라고 생각해도 무방하다. 그렇다면 세로토닌 또한 '거북-C-C-N' 결합으로 표현할 수 있다.

이후에 소개할 뇌를 흥분시키는 물질의 대부분은 '거북-C-C-N' 결합 구조를 이루고 있다. '거북-C-C-N' 결합은 뇌를 흥분시킨다는 것을 기억해 두자.

HO, HO, OH, C, H, CH_2, N, H, R

R:H 노르아드레날린

R:CH_3 아드레날린

HO, $CH_2 - CH_2 - NH_2$, N, H

세로토닌
(5 • 히드록시트립타민, 5–HT)

HO, HO, $CH_2 - CH_2 - NH_2$

도파민

$CH_3 - C(=O) - O - CH_2 - CH_2 - N^+(CH_3)_3$

아세틸콜린

$HOOC - CH_2 - CH_2 - CH_2 - NH_2$

가바
(γ–아미노낙산)

〈도표 1〉 주요 뇌 신경 전달물질의 분자 구조

2 흥분성 신호가 발생하는 구조

신경신호에 흥분성 신호와 억제성 신호가 있다는 것은 앞에서 설명하였다. 그렇다면 신경신호는 어떻게 하나의 신호로 분류되는 것일까? 여기에서는 신경신호의 비밀을 알아보자.

먼저 대표적인 흥분성 신호인 아세틸콜린과 그 수용체의 활동에 대해 살펴보겠다.

신경세포의 바깥쪽은 안쪽보다 나트륨이 많다. 막의 바깥쪽 나트륨이 안쪽으로 들어갈 것 같지만 그렇지는 않다. 그 이유는 나트륨 이온이 아무리 막의 안쪽으로 들어가려고 해도 지질로 된 막에 튕겨서 들어갈 수가 없기 때문이다. 따라서 막의 외부는 플러스, 그 반대쪽인 내부는 마이너스 전하를 띤다.

아세틸콜린 수용체 옆에는 나트륨만 통과시키는 문(이온 채널 중 하나로, '나트륨 채널'이라고 함)이 있다. 이 문이 열리면 막의 바깥쪽 나트륨 이온이 안쪽으로 들어간다.

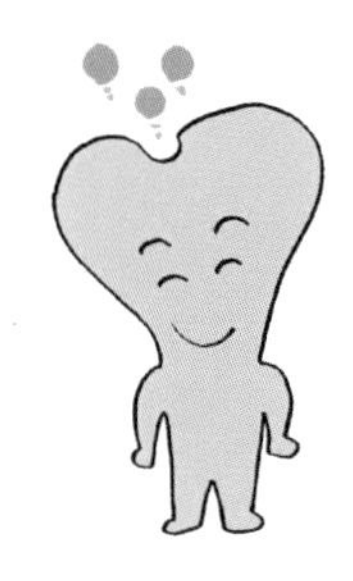

그런데 평소에 이 문은 굳게 닫혀 있어서 나트륨은 막 안쪽으로 들어갈 수 없다. 이것이 아세틸콜린을 받아들이기 전의 신경세포 상태, 즉 흥분하지 않은 상태다(a).

하지만 아세틸콜린이 수용체와 결합하면 나트륨 문이 열리면서 나트륨 이온이 막 안쪽으로 우르르 들어가게 된다(b). 이 때문에 신경세포의 내부가 마이너스에서 플러스로 바뀐다. 이 전기 상태의 역전에 의해 흥분성 신호가 발생하는 것이다.

아세틸콜린뿐만 아니라 도파민, 노르아드레날린, 세로토닌 등도 이 구조로 흥분을 전달한다.

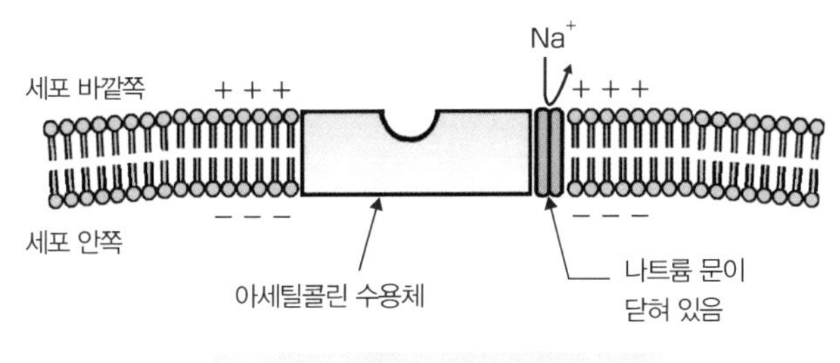

(a) 아세틸콜린 수용체가 빈 상태

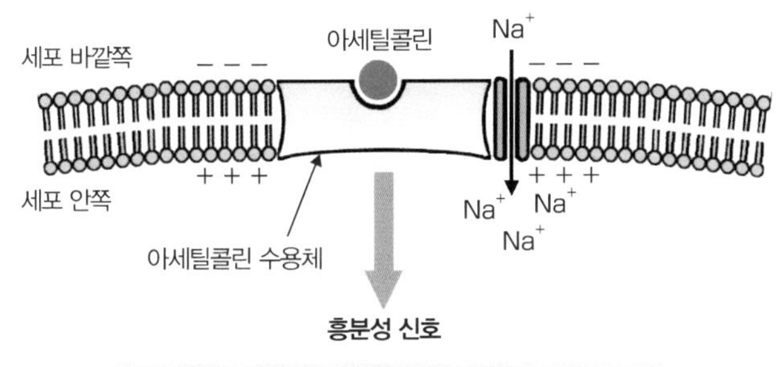

(b) 수용체에 아세틸콜린이 결합한 상태

〈도표 2〉 **나트륨 채널 구조**

3 억제성 신호가 발생하는 구조

억제성 신호의 전달물질에는 가바(γ-아미노낙산)와 글리신이 있다. 가바 신경은 뇌의 약 30%를 차지하며, 뇌가 흥분하면 브레이크를 걸어 뇌에 이상이 생기는 것을 억제한다. 예를 들어, 가바의 활동을 억제하는 가복사돌이나 비쿠쿨린이라는 약물을 투여하면 온몸이 경련을 일으키는 것에서도 억제성 신호의 중요성을 알 수 있다.

한편 글리신 신경은 주로 척수에서 신경의 억제를 담당한다.

여기에서는 가바와 그 수용체의 활동을 예로 들어 억제성 신호가 발생하는 구조에 관해 살펴보겠다.

가바 수용체 옆에는 클로라이드(염소 이온)만 통과시키는 문(클로라이드 채널)이 있다. 나트륨 문과 마찬가지로 클로라이드 문도 평소에는 굳게 닫혀 있다. 이 때문에 신경세포 바깥쪽에 있는 수많

은 클로라이드는 안쪽으로 들어갈 수 없다(a). 이것이 가바를 받아들이는 신경세포의 평소 상태다.

그런데 가바가 수용체와 결합하면 이전까지 닫혀 있던 클로라이드의 문이 크게 열리면서 신경세포 바깥쪽에 있었던 대량의 클로라이드가 순식간에 안쪽으로 흘러 들어간다(b).

이 때문에 신경세포 안쪽에 클로라이드가 많아지고, 원래 마이너스로 하전하던 내부의 마이너스 비율이 더욱 높아진다.

이렇게 되면 신경세포의 전기 상태는 가바가 수용체와 결합하기 전보다 더 역전하기 어려워진다. 즉, 신경세포가 흥분하기 어려워지는 것이다. 이것이 억제성 신호가 발생하는 구조다.

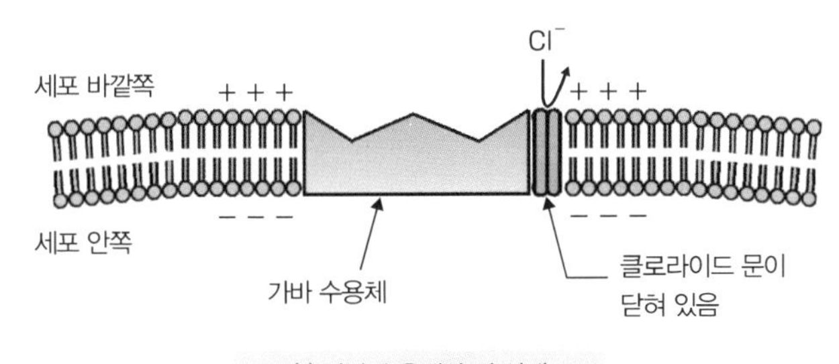

(a) 가바 수용체가 빈 상태

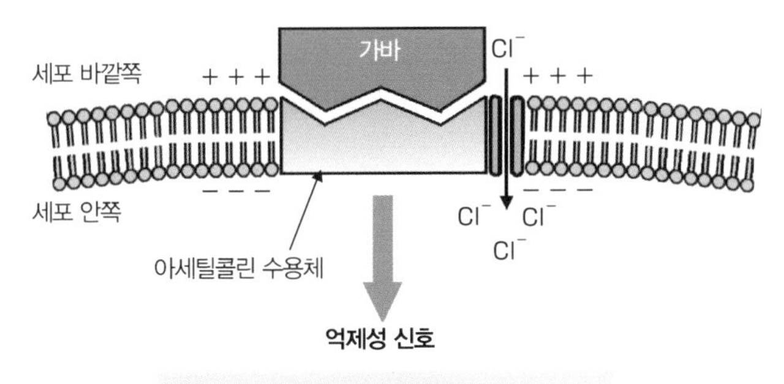

(b) 수용체에 가바가 결합한 상태

〈도표 3〉 클로라이드 채널 구조

4 전달물질을 받아들이는 수용체의 구조

가바 수용체를 포함한 대부분의 수용체는 거대한 단백질인 데다 세포막과 일체화되어 있어서 결정 상태로 추출할 수가 없다. 거대한 분자 구조를 결정하는 강력한 수단인 X선 결정 회절을 사용할 수 없어서 지금까지 수용체의 입체 구조를 해석하는 것은 불가능에 가까웠다.

그러나 1980년대 들어 유전자 변형 기술의 응용이 가능해지면서 가바 수용체의 염기 배열을 알 수 있게 되었고, 이것을 계기로 아미노산 배열이 밝혀졌다.

또 집적된 수많은 단백질의 입체 구조 데이터로부터 아미노산 배열과 입체 구조가 대응하였다. 이로써 아미노산 배열로부터 가바 수용체의 입체 구조를 추측할 수 있게 되었다.

가바 수용체는 α와 β 서브 유닛이 각각 2개 1조로 되어 있으며, 여기에 γ 서브 유닛으로 이루어져 있다.

두 개의 서브 유닛으로 된 아미노산 쇠사슬은 둘 다 세포막을 4회 관통한다. 여기에서 막 밖으로 뻗어 나간 쇠사슬은 둘 다 플러스로 하전하고 있어서, 서로 반발하여 사이에 지름 6옹스트롬(100만분의 6밀리미터)의 공간이 생긴다. 이 공간을 클로라이드가 통과하는 것이다.

가바 수용체에는 가바 이외에 바르비투르산계, 스테로이드, 벤조디아제핀계와 같은 결합 사이트가 있다는 것도 밝혀졌다.

또 뇌에서 전달물질을 캐치하는 다른 수용체도 대략 이러한 형태를 띠고 있다.

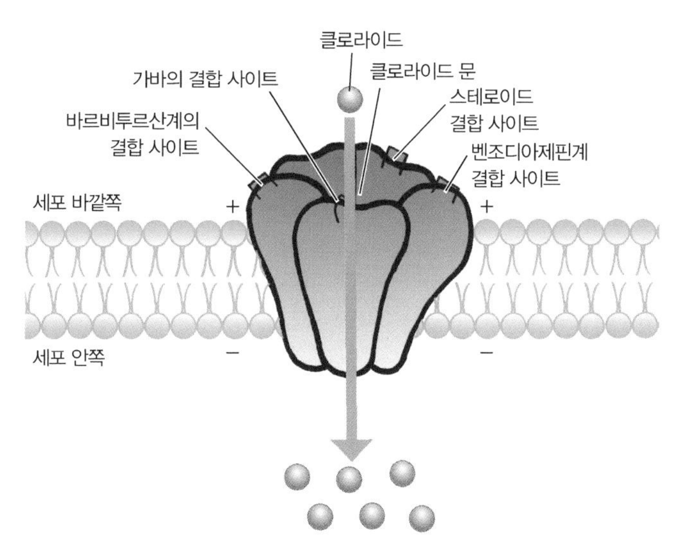

〈도표 4〉 **가바 수용체의 모식도**

5 뇌 물질과 마음의 병

뇌에서 전달물질의 균형이 무너지면 마음은 '이상'한 상태가 된다. 물론 이상한 상태는 다양해서, 어떤 전달물질의 균형이 무너졌느냐에 따라 증상은 다르다.

예를 들어, 도파민이 신경 말단에서 과잉 분비되면 환상, 환각, 과대망상과 같은 증상이 나타난다. 이는 주로 조현병에서 볼 수 있는 증상이다.

반대로 도파민이 부족하면 뇌가 제대로 조절되지 않아, 손과 발이 떨리고 몸이 앞으로 굽으며 발을 끌면서 걷게 된다. 이는 나중에 설명할 파킨슨병 증상이다(p. 102 참조).

신경 말단에서 분비되는 전달물질의 과부족에 의해 마음의 병이 발생하는데, 이는 물론 조현병이나 파킨슨병에만 국한된 것은 아니다.

노르아드레날린, 도파민, 세로토닌과 같은 모노아민의 양이 너무 많아도 뇌가 심하게 흥분하여 정상적으로 있을 수 없다. 기분과 의욕이 과해지고 타인을 공격하는 조증, 반대로 잠시도 안심하지 못하고 초조해하며 불안한 상태에 빠지게 된다.

그러나 모노아민의 양이 너무 적어도 마음의 병이 발생한다. 모노아민이 모자라면 뇌의 흥분이 부족해서 슬픔이나 실망감이 커지고, 기쁨을 거의 느낄 수 없는 마음 상태인 우울증에 걸리게 된다.

아세틸콜린의 양이 너무 늘어도 대뇌기저핵이 심하게 흥분하기 때문에 마치 파킨슨병인 것 같은 증상이 나타난다. 그리고 아세틸콜린의 양이 너무 줄어도 기억을 잃게 되어 자신이 누구인지조차 알지 못하는 알츠하이머병(p. 113 참조)이 발생한다.

뇌의 전달물질이 미묘한 균형을 이룸으로써 우리는 평상심을 유지할 수 있는 것이다. 그런데 이 균형을 유지하기란 여간 어려운 일이 아니다.

우선 모노아민이 부족해서 발생하는 마음의 병, 우울증부터 살펴보도록 하자.

〈도표 5〉 **전달물질의 불균형에 의해 발생하는 마음의 병**

전달물질	신경 말단에서 분비가 너무 많음	신경 말단에서 분비가 너무 적음
도파민	조현병	파킨슨병
노르아드레날린 도파민 세로토닌	불안, 조증	우울증
아세틸콜린	파킨슨 증후군	알츠하이머병

6 현대인을 위협하는 우울증

일상생활에서 기분이 가라앉을 때(우울 상태)가 종종 있는데, 대체로 병은 아니다. 기분이 가라앉는 원인이 명확하여 그것만 제거하면 회복되기 때문이다. 그러나 원인을 제거해도 기분이 회복되지 않을 때가 있다. 이런 경우는 우울증을 의심할 수 있다.

우울증은 심한 슬픔, 실망감 때문에 기쁨을 거의 느끼지 못하고 의욕이 저하되어 모든 것에 흥미나 관심이 없어지고 무기력해지는 마음 상태를 말한다.

이러한 마음 상태가 2주일 정도 지속되면 DSM-IV(『정신질환의 진단 및 통계 편람』 제4판. 미국 정신의학회에서 발행하는 정신과 진단 매뉴얼. 2023년 기준, 2013년 5월 제5판까지 발행)를 바탕으로 '우울증' 진단을 내린다.

평생 우울증에 한 번 걸리는 비율(평생 유병률)은 여성이 10~25%, 남성이 5~12%다. 또 WHO(세계보건기구)의 추계에 따르면 일본인 우울증 환자는 전체 인구의 4~6%라고 하니, 약 480~720만 명이 우울증으로 고통받고 있는 것이 된다(역자 주: 국민건강보험공단 자료에 따르면, 2022년 한국에서 우울증으로 진단받은 환자 수는 100만 744명이다).

일본에는 약 500만 명의 우울증 환자가 있는 것으로 알려져 있는데, 침상에서 일어날 수 없을 정도로 심각한 우울증에 걸린 사람은 소수이며, 대부분이 '경우울증 환자', 즉 '가벼운 우울증 환자'다.

우울증이 무서운 이유는 마음이나 몸을 힘들게 할 뿐만 아니라 생명까지 위협하는 경우도 있기 때문이다. 미국에서는 매년 약 3만 명이 자살하는데, 대부분 우울증이 직간접적인 원인이다. 그러나 이 수치는 과소 평가된 것이다. 자살한 사람 중에는 다른 사인으로 분류되는 경우도 있기 때문이다. 예를 들면, 자동차 사고로 사망한 사람의 일부는 자살이 의심된다.

일본에서도 자살하는 사람이 매년 3만 명 이상에 이른다(역자 주: 통계청 자료에 따르면, 2022년 한국의 자살자 수는 1만 2,906명으로 인구 10만 명당 25.2명이다). 그리고 불의의 사고로 죽는 사람은 약 3만 5천 명에 달한다. 이 수치를 보면 우울증은 목숨과 관련된 위험한 마음의 병이라는 것을 알 수 있다.

또 우울증 경험자 중 10%는 우울 상태 이외에 이와 반대인 조증 상태가 드물게 나타나는 조울증(양극성 장애)이기도 하다.

조증 상태에서는 수면 시간이 감소하고 활동적이며 자신을 위대하다고 생각하고 난폭해지며 타인을 공격하거나 쉽게 화를 낸다. 또 성욕이 항진하여 분별없는 성행위에 치닫기도 하고 자동차를 난폭하게 운전하기도 한다. 조증은 자기 파괴적이어서 본인에게는 물론이고 주변에도 엄청난 피해를 주는 경우가 많다. 따라서 조증에는 상당한 주의가 필요하다.

7 우울증의 원인은 유전자와 뇌 물질

예전부터 우울증이나 조울증(양극성 기분장애라고도 함)은 유전되는 것으로 알려져 있다. 예를 들면, 중증 우울증이나 조울증 환자의 부모나 자식, 형제에게는 보통 사람보다 이러한 병이 훨씬 높은 빈도로 발병한다.

지금까지 우울증과 유전의 관계를 밝히기 위해 많은 연구가 진행되었다. 유전자가 완전히 같은 쌍둥이인 일란성 쌍둥이 그리고 유전자가 다른 쌍둥이인 이란성 쌍둥이를 대상으로, 한 사람이 우울증에 걸렸을 때 다른 사람도 우울증에 걸리는 확률(이것을 우울증 일치율이라고 함)을 조사하였다.

과학자에 따라 수치가 다르기는 하지만, 어떤 실험에서든 일란성 쌍둥이의 일치율(약 50%)이 이란성 쌍둥이의 일치율(약 20%)보다 훨씬 높게 나왔다. 우울증 발생에 유전자가 관련된 것은 확실하다.

또 여성이 남성보다 우울증에 걸리기 쉬운 것도 확인되었다. 이는 X 염색체상에 우울증과 관련된 유전자가 있다는 것을 보여 준다.

그렇다면 우울증과 관련된 유전자를 확인하면 되지 않을까? 당연히 유전학 과학자가 이 선을 따라 연구를 진행해 왔지만, 아직 결정적인 유전자는 발견되지 않았다.

쉽게 발견되지 않는 원인은 아직 아무도 찾지 못했지만, 이렇게 추측할 수 있다.

(1) 우울증은 한 개의 이상한 유전자에 의해 발생하는 유형의 병이 아니다.

(2) 따라서 우울증은 여러 개의 정상적인 유전자가 어떤 특별한 조합이 되었을 때 발생한다.

정상적인 유전자 조합이 병을 유발하는 사례는 아직 한 건도 발견되지 않았다. 그만큼 발견하면 큰 성과를 올릴 수 있기 때문에 과학자들은 필사적으로 병을 유발하는 유전자 조합을 찾고 있다.

한편 모노아민의 움직임에 주목해 온 과학자도 많다. 이 말은 일종의 우울증은 모노아민이 부족해서 발생한다는 것이 확인되었기 때문이다.

모노아민에는 노르아드레날린, 세로토닌, 도파민이라는 세 가지 전달물질이 있는데, 우울증과의 관계가 명확히 밝혀진 것은 노르아드레날린과 세로토닌이다.

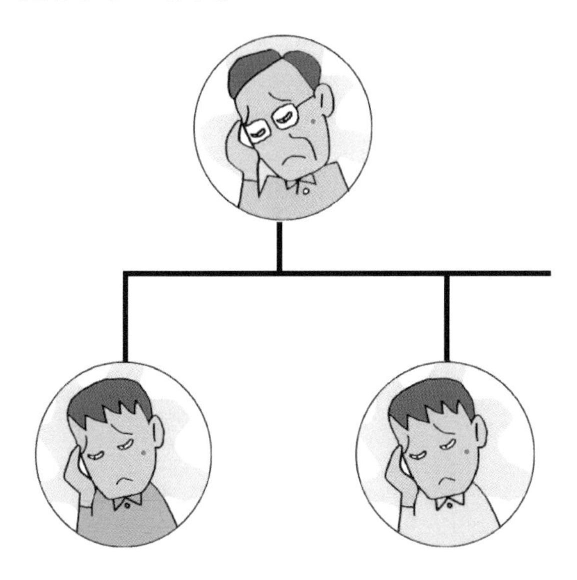

8 고혈압과 결핵 환자의 기분이 바뀌었다!

1957년, 두 가지 우연한 발견을 계기로 모노아민이 마음 상태를 바꾼다는 것이 인정받게 되었다.

최초의 발견은 이프로니아지드라는 물질을 복용한 결핵 환자 중 우울증도 앓고 있던 환자의 기분이 개선된 것으로, 이 환자는 행복감을 느꼈다고 한다.

이프로니아지드가 우울증을 개선시킨 것으로 보인다. 그래서 과학자들은 이 구조를 조사하였고, 모노아민을 분해하는 효소(모노아민 산화효소 MAO로 표기하고, 마오라고 읽음)가 열쇠라는 것을 밝혀냈다.

MAO는 모노아민을 산화하고 분해하여 모노아민의 효과를 없앤다. 그런데 이프로니아지드가 MAO와 결합하면 MAO는 더 이상 모노아민을 분해할 수 없게 된다. 이 때문에 이프로니아지드를 섭취하면 뇌에서 모노아민의 양이 높게 유지되어 기분이 좋아진다. 즉, 우울증 증상이 개선되는 것이다.

또 다른 발견은 고혈압 치료를 위해 레세르핀이라는 물질을 복용한 환자 중 15%에서 심각한 우울증이 발생했다는 것이다. 그 이유를 조사한 결과, 레세르핀이 모노아민을 감소시킨다는 사실이 밝혀졌다. 이 두 가지 발견으로 모노아민이 우울증과 관련이 있다는 것은 확실해졌다.

이프로니아지드가 우울증을 개선하는 이유는 이프로니아지드가

MAO의 활동을 방해하기 때문으로, 뇌에 활성 상태로 남은 모노아민이 기분을 개선시킨다고 추측하였다. 이로써 우울증은 뇌의 모노아민 수준이 비정상적으로 낮아진 상태라고 생각하게 되었다. 이것이 '모노아민 가설'이다.

이 가설이 맞다면, 모노아민을 분해하는 MAO의 활동을 억제하면 우울증을 개선할 수 있을 것이다. MAO의 활동을 억제하는 물질을 MAO 억제제라고 한다. 이 억제제에는 페넬진, 트라닐시프로민, 이소카복사지드 등이 있으며, 실제로 우울증 치료에 이용되고 있다.

9 우울증의 '카테콜아민 가설'

모노아민에는 세 종류가 있는데, 어느 것이 가장 우울증과 관계가 깊을까?

매사추세츠 정신위생 센터의 조지프 쉴드크로트는 노르아드레날린이 우울증과 가장 관계가 깊다고 생각하였다. 1965년에 그는 '뇌의 회로에서 노르아드레날린이 부족하면 우울증이 발생하고, 반대로 많으면 조증이 발생한다'는 가설을 세웠다.

즉, 아드레날린 신경이 불충분하여 흥분하지 않으면 우울증, 너무 흥분하면 조증이 된다는 주장이다. 아드레날린은 화학적으로 카테콜아민이라고도 해서, 이 주장을 '카테콜아민 가설'이라고 한다.

쉴드크로트가 주장한 '카테콜아민 가설'은 대담하면서도 명확했는데, 이것이 사실이라면 실로 대단하다고 할 수 있다. 그럼 어떻게 이 가설을 증명할까?

물론 살아 있는 사람의 뇌 속 노르아드레날린의 양을 직접 조사하면 되지만, 실제로 그렇게 하기에는 어려움이 따른다. 그렇지만 소변이나 뇌척수액에 들어 있는 노르아드레날린의 분해물을 조사하는 것이라면 가능하다. 조사 결과, 우울증 환자의 소변과 뇌척수액에는 노르아드레날린의 분해물인 메톡시 히드록시페닐글리콜(MHPG)의 양이 건강한 사람에 비해 훨씬 적다는 것을 알 수 있었다.

그의 가설을 지지해 주는 증거가 또 한 가지 발견되었다. 우울증 때문에 자살한 것으로 보이는 사람의 시체를 해부한 결과, 대뇌피질의 노르아드레날린 수용체 수가 일반적인 이유로 사망한 사람보다 늘었다는 것이다.

이 결과에 과학자들은 꽤 당혹스러워했다. 왜 그랬을까? 수용체 수가 늘었다는 것은 그만큼 노르아드레날린이 결합하기 쉬워지고, 신경신호를 전달하기 쉬워질 것이기 때문이다.

그렇다면 우울증에 의해 자살한 사람이 일반적인 이유로 사망한 사람보다 신경세포가 흥분한 것이 된다. 즉, 당시 과학자들은 우울 상태가 아니라고 생각하여 당혹스러워했던 것이다.

이후에 이 생각은 착오였다는 것이 판명되었다. 그 이유는 시냅스에 노르아드레날린이 과도하게 부족해지면, 수용체 수가 증가하는 것은 드문 일이 아니라 자주 볼 수 있는 현상이라는 것을 알게 되었기 때문이다. 이것을 '상향조절'이라고 한다.

왜 상향조절이 일어나는 것일까? 이것도 사람이 생물로서 살아가면서 쌓은 지혜 덕분이다. 절후섬유는 얼마 되지 않는 귀중한 노르아드레날린을 모두 잡고 싶어 한다. 그래서 수용체 수를 늘려 포획 누출을 방지하는 것이다.

물론 상향조절은 노르아드레날린이 부족할 때뿐만 아니라 다른 전달물질이 감소했을 때도 볼 수 있는 현상이다.

그렇다면 이들 물질이 어떻게 조절되는지 살펴보자.

10 전달물질의 양은 엄격히 조절된다

1장에서 설명했듯이, 신경세포(절전섬유)와 신경세포(절후섬유)는 직접 연결되어 있는 것이 아니라 둘 사이에 시냅스라는 틈이 있다.

절전섬유에서 분비된 모노아민은 시냅스라는 강을 건너 절후섬유에 도달해 그 표면에 부착된 수용체와 결합한다. 이 결합에 의해 절후섬유 내부에 신경신호가 발생한다.

이때 발생한 신경신호의 세기는 수용체와 결합하는 전달물질의 양에 비례한다. 그리고 전달물질의 양은 MAO, 자가 수용체, 재흡수 수용체 이 세 가지 요인에 의해 조절된다.

그럼 세 가지 요인이 어떻게 전달물질의 양을 조절하는지 살펴보자.

첫 번째 요인은 MAO다. 신경세포에서 만들어진 노르아드레날린이나 세로토닌과 같은 모노아민의 일부를 MAO가 분해한다. MAO가 증가하면 모노아민은 감소하고, 반대로 MAO가 감소하면 모노아민은 증가한다.

두 번째 요인은 자가 수용체다. 절전섬유에서 분비된 전달물질은 시냅스를 건너려고 하는데, 모든 전달물질이 절후섬유에 도달할 수 있는 것은 아니며, 그중 일부는 다시 돌아와 절전섬유의 수용체(자가 수용체)와 결합한다.

다시 돌아온 전달물질이 결합한 자가 수용체는 '전달물질은 이미 충분하니까 생산을 억제하자'와 같은 지시를 내린다. 이 지시를 받은 신경세포는 전달물질의 생산을 억제하기 때문에 분비량이 감소한다.

이렇게 특정 물질이 일정량을 초과하여 공급되면 '이제 더 이상 필요 없어'라며 공급을 억제하는 구조를 '음성 피드백'이라고 한다.

음성 피드백은 우리의 경제 활동에서도 볼 수 있다. 예를 들면, 대기업 전자 회사나 자동차 회사는 제품의 재고가 쌓이면 생산을 억제하여 출하를 제한하는 이른바 생산 조절을 실시한다. 이것이 음성 피드백이다.

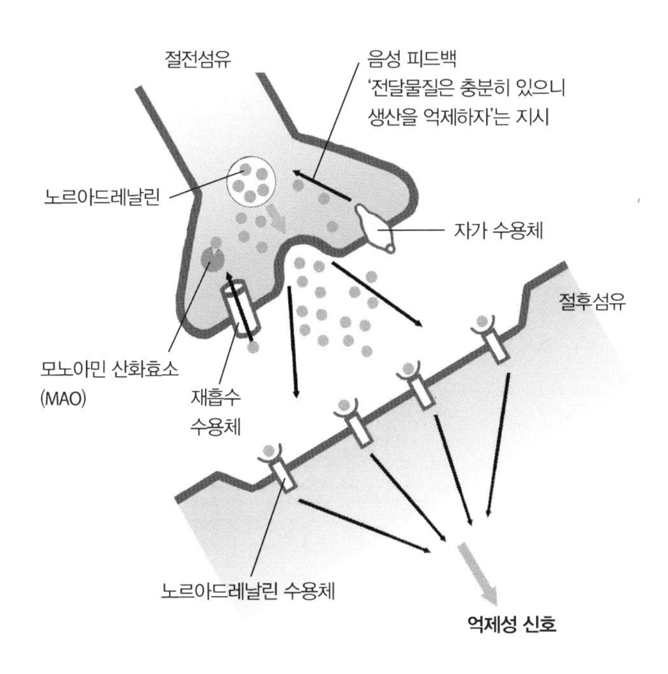

〈도표 6〉 **시냅스에서 전달물질의 양이 조절되는 구조**

세 번째는 재흡수 수용체다. 재흡수 수용체는 시냅스에 있는 전달물질을 붙잡아 절전섬유로 돌려보내는 구조다. 시냅스로 분비된 모든 전달물질이 절후섬유에 도달하는 것은 아니다. 절전섬유의 재흡수 수용체에 의해 되돌아가는 양만큼 절후섬유의 수용체와 결합하는 전달물질은 감소하게 된다.

이렇게 전달물질의 양은 신경세포에서 분비되기 이전에는 MAO에 의해, 분비된 다음에는 자가 수용체와 재흡수 수용체에 의해 조절된다.

전달물질이 우리의 마음 상태를 결정하기 때문에 그 양은 엄격히 조절되어야 하며, 이를 위해 복잡한 구조가 필요하다.

11 세로토닌이 부족해도 우울증에 걸린다

뇌에 세로토닌이 존재한다는 것이 처음 보고된 것은 1954년의 일이다. 그때부터 세로토닌이 우울증과 관련 있다고 생각하게 되었다.

이 가능성을 조사하기 위해 영국의 조지 애슈크로프트는 뇌를 부유하는 뇌척수액에서 세로토닌의 분해 산물을 추적하였다.

자살한 우울증 환자의 뇌를 분석한 결과, 세로토닌의 분해 산물인 5-히드록시 인돌 초산(5HIAA)이 매우 부족하다는 것을 알게 되었다. 그리고 우울증 환자의 뇌척수액을 분석한 결과도 마찬가지로 5HIAA 수준이 낮았다.

이 결과를 바탕으로 1960년, 그는 뇌 속 세로토닌 수준이 낮아지는 것 때문에 우울증이 발생한다는 '세로토닌 가설'을 발표하였다.

이후 노스캐롤라이나대학교의 아서 프란즈와 영국의학연구회의 알렉 코펜 그룹이 세로토닌과 우울증의 관계에 대해 연구하였다.

그들은 '세로토닌 부족이 원인이 되어 노르아드레날린이 부족해지고 그 결과 우울증이 발생한다'는 가설을 세우고 연구를 진행하였다. 쉴드크로트가 노르아드레날린의 부족이 우울증을 발생시킨다고 주장한 데 반해 프란즈와 코펜은 노르아드레날린을 부족하게 하는 원인이 세로토닌의 부족이라고 주장한 것이다.

세로토닌 신경과 노르아드레날린 신경이 뇌 전체에 어떻게 분포되어 있는지를 그림으로 나타내었다.

노르아드레날린 신경은 청반핵에서 시작되어 대뇌변연계를 지나 지성을 관장하는 대뇌피질과 운동을 관장하는 소뇌로 뻗어 있다. 청반핵은 우리가 위험에 처했을 때나 생사가 걸린 중요한 상황에서 공포나 불안을 일으키는 근원이다.

봉선핵에서 시작되는 세로토닌 신경도 노르아드레날린 신경과 마찬가지로 뇌 전체에 분포되어 있으며, 특히 감정을 조절하는 편도체, 식욕이나 성욕, 수면과 관련된 시상하부 그리고 인식이나 판단과 같은 고도의 뇌 기능을 관장하는 대뇌피질에 집중되어 있다.

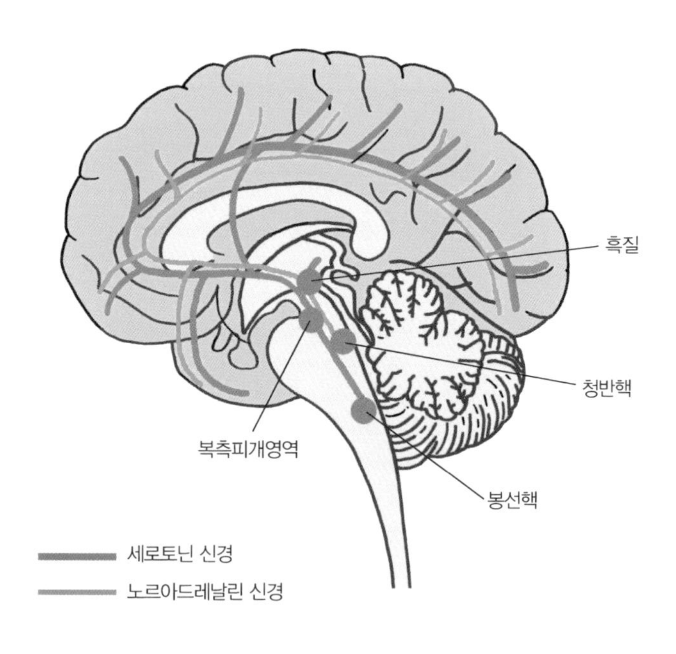

〈도표 7〉 **세로토닌 신경과 노르아드레날린 신경의 뇌 분포**

따라서 세로토닌이 부족하면 이들 영역이 제대로 활동하지 못해 기분이 침체된다.

〈도표 8〉 '세로토닌 가설'의 탄생

조사 대상	대상 물질	해석
자살한 우울증 환자의 뇌	5-히드록시 인돌 초산 (5HIAA)이 매우 부족	우울과 세로토닌의 관계
우울증 환자의 뇌척수액	5HIAA 수준이 낮아짐	우울과 세로토닌의 관계

12 삼환계 항우울제의 작용

1950년대에는 세로토닌 부족과 우울증을 연결 짓는 유력한 증거 두 가지가 발견되었다.

첫 번째는 앞에서 설명했듯이 자살한 우울증 환자의 뇌와 우울증 환자의 뇌척수액을 분석했을 때 세로토닌 분해물 5HIAA의 수준이 낮다는 것이 확인되었으며, 이 결과로부터 뇌의 세로토닌 양 저하가 추측되었다.

두 번째는 역시 자살한 우울증 환자의 뇌에서 세로토닌 수용체가 건강한 사람보다 많다는 것(상향조절)이 확인되었다. 상향조절은 전달물질이 부족해지면 수용체를 늘려서 보충하는 작용을 하는 것으로, 노르아드레날린이 부족한 뇌에서도 확인할 수 있었다는 것은 앞에서 설명하였다(p. 70 참조).

1958년에는 우연히 우울증 환자의 기분을 현저히 개선하는 이미프라민이라는 물질이 발견되었다. 처음에는 이미프라민이 기분을 좋게 하는 구조가 수수께끼였는데, 이후 재흡수 수용체와 결합하여 그 활동을 방해한다는 것을 알게 되었다.

재흡수 수용체는 시냅스에 있는 세로토닌을 보조하고, 절전섬유에 강제로 돌려보내 세로토닌이 절후섬유의 수용체와 결합하는 것을 방해한다.

그런데 이미프라민이 결합한 재흡수 수용체는 세로토닌을 보조할 수 없다. 이렇게 세로토닌의 양을 높게 유지할 수 있기 때문에 기분이 좋아지는 것으로 이해하였다.

이미프라민은 어떤 물질일까? 그래서 이미프라민과 그 친척들을 그림으로 나타내었다. 먼저 육각형, 칠각형, 육각형 세 고리가 나란히 연결된 것이 특징으로, 이 때문에 '삼환계 항우울제'라고 부른다. 대표적인 물질로는 이미프라민, 데시프라민, 클로미프라민, 아미트립틸린이 있다.

지금까지 수많은 임상 실험에서 항우울 효과가 가장 높았던 것은 클로미프라민이고, 부작용이 가장 심했던 것은 아미트립틸린이라는 것도 알게 되었다.

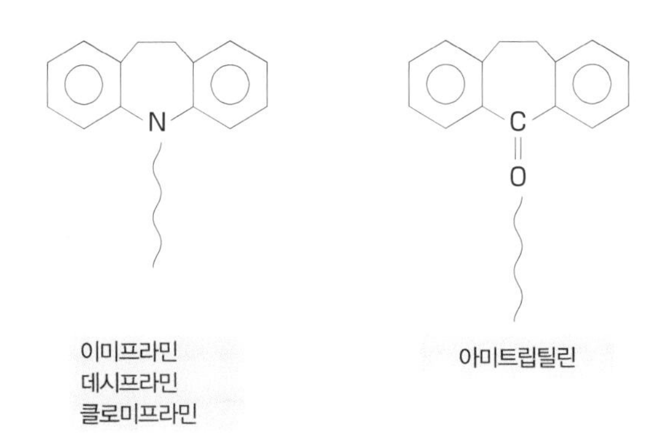

〈도표 9〉 삼환성 항우울제의 분자 구조

13 SSRI는 뛰어날 것 같지만

우울증이라는 마음의 병은 삼환계 항우울제의 발명으로 극복됐다고 생각했었다. 그러나 삼환계 항우울제는 재흡수 수용체뿐만 아니라 아세틸콜린 수용체와도 결합하여 그 활동을 방해한다. 그 결과 갈증, 변비, 배뇨 곤란과 같은 증상이 부작용으로 드러났다.

이러한 부작용을 줄이기 위해서는 아세틸콜린 수용체와는 절대 결합하지 않고 재흡수 수용체와 선택적으로 결합하는 특별한 물질을 만들어야 한다.

수많은 시행착오를 거듭한 결과 1974년에 일라이 릴리사는 이 목적에 부합하는 플루옥세틴이라는 물질을 만드는 데 성공하였다. 그때부터 임상 실험을 반복한 결과 신청 11년 후인 1985년, 플루옥세틴은 FDA(미국식품의약국)에 약으로 인가받아 '프로작(Prozac)'이라는 상품명으로 발매되어 폭발적인 인기를 얻었다.

세로토닌의 재흡수 수용체와만 결합하는 프로작은 SSRI(selective serotonin reuptake inhibitors: 선택적 세로토닌 재흡수 억제제)라고 하는 대표적인 신약 항우울제다.

분자 구조는 꽤 다르지만, 프로작과 같은 구조로 활동하는 파키실, 졸로푸트(일본 상품명은 제이조로프트), 루복스, 셀렉사(모두 상품명)도 발매되었다. 이들 SSRI의 선택성은 굉장히 효과가 좋아서 세로토닌 재흡수 수용체와 비슷한 노르아드레날린 재흡수 수용체와는 거의 결합하지 않는다.

또 노르아드레날린 재흡수 수용체와 결합하는 마프로틸린이라는 물질도 만들었는데, 선택성이 별로 높지 않고 부작용이 심해서 큰 인기를 얻지는 못했다.

제약회사는 프로작으로 대표되는 SSRI에 대해 효과가 좋은 것은 물론 MAO 억제제나 삼환계 항우울제보다 부작용이 굉장히 적다고 주장하였으며, 폭발적인 매출 신장을 보였다.

그렇지만 이 주장은 세일즈 화술에 지나지 않았다. 1994년 맨체스터대학교의 이안 앤더슨은 SSRI를 판매하는 제약회사가 자사의 SSRI와 삼환계 항우울제를 비교하는 임상 실험을 진행한 결과, SSRI는 기존의 약과 큰 차이가 없다는 사실을 「정신약리학」에 발표하였다.

뇌는 매우 복잡한 시스템으로 이루어져 있어서, 우리가 생각하는 대로 되지 않는 것 같다.

※ 역자 주: 영어 '노'와 일본어 '뇌'의 발음이 같음

14 세로토닌이 부족해서 발생하는 강박신경증

세로토닌 신경은 뇌 전체에 퍼져 있기 때문에 어디에서 부족한지에 따라 다른 병으로 발현된다. 예를 들면, 대뇌기저핵의 선조체에서 세로토닌이 부족하면 강박신경증이 발병한다.

강박신경증이란 머리로는 불합리하다는 것을 알면서도 같은 행동을 반복해야만 하는 마음의 병이다. 손이 불결하다고 생각하면 하루에도 몇 번이나 손을 씻고, 일정한 절차를 의식처럼 거치지 않으면 제대로 행동하지 못한다.

예를 들어, A 씨는 자택 문을 열 때 꼭 독특한 동작을 한다. 또 출근해서 책상 앞에 앉아도 집 문을 잠갔는지, 창문은 제대로 닫았는지, 속옷을 세탁하기는 했는데 아직 때가 남아 있지는 않은지 등 사소한 것들이 신경 쓰여 제대로 일을 하지 못한다. 겨우 경리 일을 시작하기는 했는데 계산에 실수는 없는지 몇 번이나 반복해서 확인한다. 게다가 자신이 확인한 것만으로는 믿음이 가지 않아 동료나 상사에게도 확인해 달라고 부탁하기 때문에 주변 사람들도 곤란할 때가 한두 번이 아니다.

어째서 강박신경증 환자는 이렇게 반복되는 행동을 하는 걸까? 대답이 될 만한 증거를 고양이 실험을 통해 찾을 수 있다. 고양이에게 걷기, 씹기, 호흡과 같은 반복 운동을 시키자 뇌 속 세로토닌 수준이 상승하였다.

이 결과를 강박신경증 환자에게 적용하여 생각하면, 여러 번 같은 행동을 반복함으로써 뇌에 부족한 세로토닌을 보충하는 것으로 이해할 수 있다.

15 상태 사이클의 과잉 흥분

강박신경증은 왜 일어나는 것일까? 뇌에는 신경 상태를 조절하는 사이클이 있다. 즉, 신경신호가 전두엽 → 선조체 → 흑질 · 담창구 → 시상 → 전두엽 순으로 흐르는 것이다. 강박신경증은 이 사이클 활동이 너무 활발하고 시상이 과도하게 흥분하여 발생하는 것으로 알려져 있다.

이 사이클에서는 흑질 · 담창구가 시상에 억제성 신호(브레이크)를 보내 시상의 흥분을 적당히 억제한다. 즉, 흑질 · 담창구는 시상을 진정시키는 역할을 한다.

그러나 전두엽에 매우 강한 흥분성 신호가 발생하거나 뇌의 밖에서 강렬한 신호가 들어오면, 그 신호가 선조체로 들어온다. 그러면 선조체의 억제성 신호가 약해지고, 흑질 · 담창구는 시상의 흥분을 억제할 수 없게 된다.

이렇게 시상이 과도하게 흥분하기 때문에 전두엽에 강한 신경신호가 전달된다. 이 강한 신경신호가 다시 선조체로 들어가 뇌의 상태를 조절하는 사이클이 진행된다. 이 사이클이 반복되면 흥분성 신경신호는 더욱 강해진다. 즉, 전두엽에서 나온 '집 문을 제대로 잠갔나'와 같은 신경신호가 이 사이클을 돌면서 더욱 강해진다.

이렇게 신경신호가 강화되면 손을 반복해서 씻고, 결정된 행동을 하고, 아무 이유 없이 타인을 의심하는, 강박신경증 특유의 증상이 나타난다.

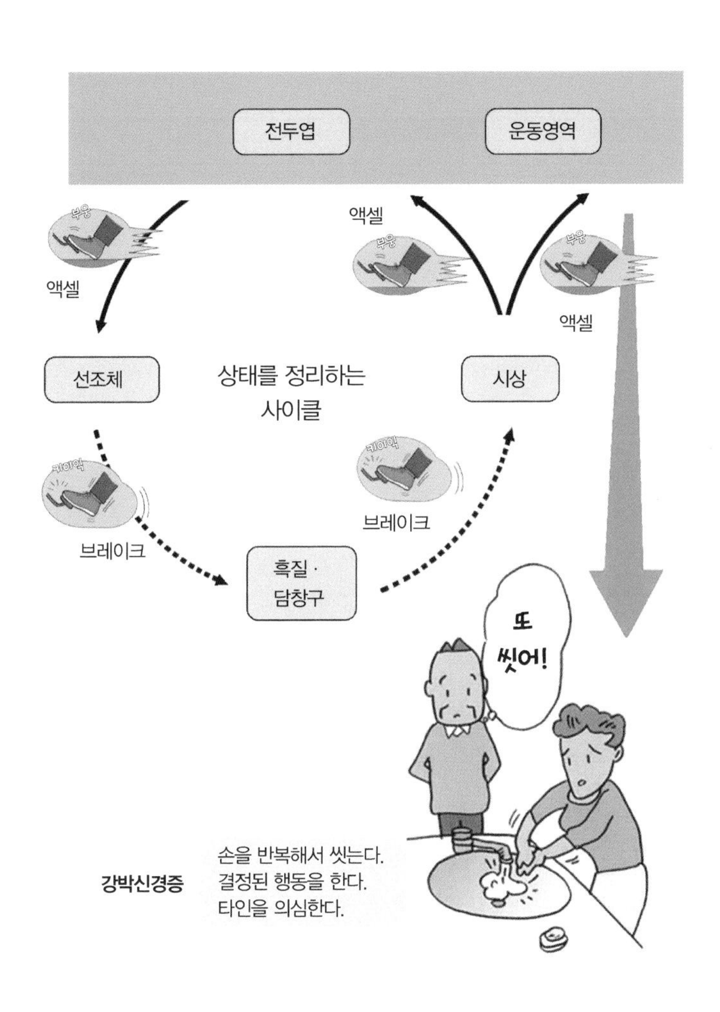

〈도표 10〉 뇌 신경계의 조절 사이클

16 강박신경증을 치료하다

이 강박신경증의 발병 모델이 들어맞아 상태를 조절하는 사이클에서 발생하는 비정상적인 흥분을 억제할 수 있다면, 강박신경증 증상은 진정될 것이다.

여기에서는 두 가지 방법을 생각할 수 있다. 하나는 전두엽에서 선조체로 들어가는 액셀러레이터를 약화시키는 것이다. 또 하나는 선조체에서 흑질 · 담창구로 들어가는 브레이크를 약화시키는 것이다. 이 두 가지 역할을 담당하는 것이 세로토닌 신경이다. 따라서 강박신경증을 개선하기 위해서는 뇌 속 세로토닌의 효과를 높여야 한다.

다행히 프로작, 파키실, 졸로푸트, 루복스와 같은 SSRI나 삼환계 항우울제도 세로토닌의 재흡수를 방해하여 세로토닌의 효과를 높인다.

1970년대 초반, 우울증과 강박신경증이 동반 발생한 환자에게 삼환계 항우울제 중 하나인 클로미프라민을 처방했더니 강박신경증 증상이 가벼워졌다.

그 후 프로작, 파키실, 졸로푸트와 같은 SSRI도 처방되었으며, 강박신경증 환자의 약 60%에서 어느 정도 효과가 나타났다.

1980년대 이후 연구에서 SSRI는 약 30%의 환자에서 강박신경증 의심 증상이 감소했지만, 약 40%의 환자에서는 전혀 효과가 없었다.

즉, 이들 항우울제는 강박신경증 치료에 어느 정도 효과가 있었다. 그런데 여기에서 잊어서는 안 되는 것이 있다. 약으로 치료하는 것은 증상을 억제하는 것으로, 다른 치료법과 병행했을 때 비로소 강박신경증을 치료할 수 있다는 점이다.

전두엽
부웅
액셀을 **약화**시킴
선조체
끼이익
스피드를 **약화**시킴
흑질 · 담창구
세로토닌 효과

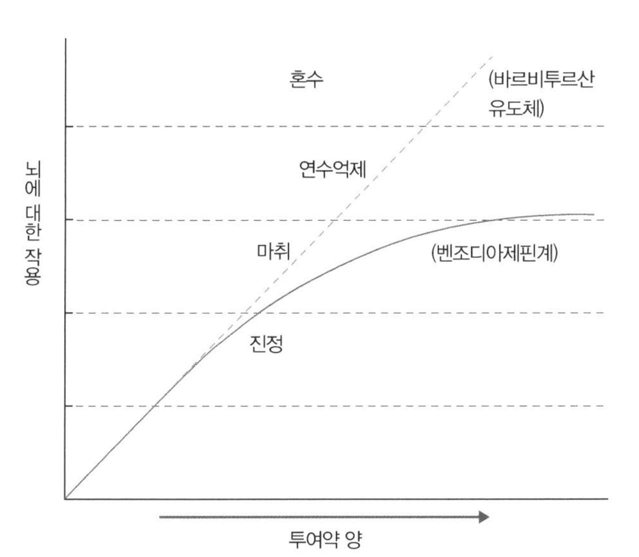

〈도표 11〉 **벤조디아제핀계와 바르비투르산계의 뇌 활동에 대한 용량-반응 곡선**

17 뇌의 비정상적인 흥분으로 일어나는 조증과 불안

노르아드레날린이나 세로토닌과 같은 모노아민(도파민을 제거함)이 부족하면 우울증이 생긴다. 따라서 모노아민의 활동을 높이는 물질을 뇌에 보내 부족을 보충하면 우울증은 개선될 것이다.

앞에서 설명했듯이, 시냅스에서 세로토닌의 농도를 높이는 삼환계 항우울제나 SSRI는 실제로 우울증 치료에 사용된다.

모노아민은 뇌를 흥분시켜 우리의 기분을 좋게 함으로써 행동하게 하는 건강 물질이라는 사실은 납득할 만하다.

그렇다면 건강하게 하는 물질인 모노아민이 많다고 좋은 것일까? 아니다. 결코 그렇지 않다. 노르아드레날린이나 세로토닌이 너무 많다고 우울증에 걸리는 것은 아니지만, 그 대신 신경이 너무 흥분하여 조증이나 불안과 같은 전혀 다른 병으로 고생하게 된다. 뇌에서 전달물질이 균형을 이루는 것이 얼마나 중요한지 알 수 있다.

먼저 조증부터 살펴보자.

• 마음이 매우 가볍고 활기가 넘치는 조증

조증은 뇌가 비정상적으로 흥분하여 우울증과는 정반대의 증상을 보인다. 즉, 조증이 생기면 기분이 설명할 수 없을 정도로 좋고, 수많은 아이디어가 샘솟으며, 다양한 일에 흥미가 생긴다. 게다가 마음이 너무 가볍고 활기가 넘치며, 밤에도 잠을 자지 않고, 식욕도 왕성하다.

이게 정말 병일까? 좋은 점만 있는 것 같지만, 모처럼 생긴 흥미가 오래가지 않기 때문에 새로 시작한 일이나 취미, 기획이 모두 애매하게 끝나 버려 어느 것 하나 제대로 완수하지 못한다.

또 조증 환자는 시시한 것을 만들고는 엄청난 발명을 했다며 수선을 떨거나, 자신이 위대해졌다는 생각에 타인을 공격하기도 한다. 결국 주변 사람들이 매우 난처한 상황에 놓일 수 있다. 조증이 심각

해지면 충동적이 되고 판단력도 흐려지기 때문에, 인간관계를 파괴하고 직장도 잃게 되며 낭비가 심해져 경제적으로 파탄하는 자기 파괴적이 된다.

조증 환자(또는 우울증 환자의 조증 상태)를 정상적인 상태로 되돌리려면 뇌의 비정상적인 흥분을 억제해야 한다. 뇌의 비정상적인 흥분 원인은 노르아드레날린이나 세로토닌의 과잉 분비로, 신경세포에서 나오는 노르아드레날린이나 세로토닌의 양을 줄여야 한다.

그러나 안타깝게도 노르아드레날린이나 세로토닌의 분비를 억제하는 물질은 아직 발견되지 않았다. 그렇지만 손쓸 방법이 전혀 없는 것은 아니다.

예전부터 탄산리튬을 조증 치료에 이용하였으며, 지금도 기본 치료제로 사용하고 있기 때문이다. 탄산리튬은 19세기부터 통풍이나 류머티즘 치료에 이용되었는데, 20세기 초반부터 더 이상 조증에 사용하지 않게 되었다.

그러다 1940년대에 소변의 중독성 물질을 연구하던 호주의 의사 존 케이지가 기니피그를 이용한 실험에서 탄산리튬에 정온 효과가 있다는 것을 밝혀냈다. 그 이후 지금까지도 탄산리튬은 조증 치료에 활용되고 있다.

탄산리튬이 효과가 있는 구조는 다음과 같다. 탄산리튬은 노르아드레날린이나 세로토닌이 수용체와 결합했을 때 나오는, 비정상적으로 큰 신경신호를 약화시킨다.

세포막의 바깥쪽은 나트륨이 많아서 플러스 전하를 띤다. 한편 안쪽은 칼륨이 많아서 마이너스 전하를 띤다. 예를 들어, 노르아드레날린이 수용체와 결합하여 이온 채널이 열리면, 이 세포막 안팎에서 플러스와 마이너스가 역전하게 되어 신경세포가 흥분한다 (p. 56 참조).

그런데 리튬은 나트륨과 성질이 비슷해서 이 둘은 쉽게 변환된다. 나트륨이 리튬으로 대치되는 만큼 세포막 안쪽의 마이너스 정도가 강해져서 더욱 흥분하기 어려워지는 것이다.

18 조증 치료제, 탄산리튬 발견의 비밀

이 책에서 지금까지 설명했던 물질은 모두 유기 화합물이었는데, '무기염'인 탄산리튬은 그 성질이 상당히 다르다. 여기에서는 조증 치료에 탄산리튬을 사용하게 된 경위에 대해 소개하겠다.

케이지는 조증이 발생하는 원인을 조사하였다. 1940년 어느 날, 질소 원자를 함유한 유독물질이 뇌에 들어가서 우울증이 발생한다는 생각이 갑자기 뇌리를 스치고 지나갔다. 약이나 독소와 같은 생리활성물질에는 질소 원자를 함유한 것이 많아서, 조증을 발생시키는 유독물질에도 질소 원자가 함유되어 있다고 생각하게 된 것이다.

그렇다면 조증 환자의 소변에는 질소를 함유한 유독물질 또는 그 잔해물이 용해되어 있을 것이다. 만약 케이지의 생각이 맞다면, 조증 환자의 소변을 기니피그에 주입하면 기니피그는 조증 상태가 될 것이다.

그런데 소변에 용해된 유독물질의 양이 매우 적어서 기니피그에 투여하기 전에 소변을 농축시켜야 한다. 소변을 농축하면 소변에 대량으로 함유되어 있던 요산이 결정이 되어 석출하기 쉬워지지만, 결정이 있으면 주사로 투여할 수가 없다.

그래서 요산이 결정으로 석출되는 것을 방지하기 위해 조증 환자의 소변을 농축한 액체에 탄산리튬을 추가한 용액을 만들었다.

이 단계에서 케이지는 탄산리튬이 조증 증상을 개선시킬 것이라고는 전혀 예상하지 못했다.

이 용액을 기니피그에게 투여했다. 기니피그가 흥분하여 날뛰거나 안절부절못하고 돌아다니면 실험은 성공이다. 그런데 그의 생각과는 정반대로 기니피그가 깊은 잠에 빠지는 것이 아닌가!

케이지는 어쩌면 탄산리튬이 기니피그를 잠들게 했을 수도 있겠다고 생각하였다. 만약 이 생각이 맞다면, 탄산리튬이 함유되지 않은 용액을 투여하면 기니피그는 잠들지 않을 것이다.

곧바로 실험했더니, 그가 예측한 결과가 나왔다. 이로써 기니피그를 잠들게 한 것은 탄산리튬이라는 사실이 밝혀졌다.

이 결과에 크게 흥분한 그는 위층에 입원 중인 조증 환자에게 탄산리튬을 투여하기로 결심했다.

지금은 조증 환자의 소변에 특별한 물질이 없다는 것이 밝혀졌다. 게다가 탄산리튬을 투여하자 기니피그가 침착해지면서 잠든 이유는 이 물질이 기니피그를 병들게 했기 때문이라는 사실도 밝혀졌다.

그의 이론은 틀렸지만, 사람을 대상으로 한 임상 실험은 놀라운 성공을 거두었다.

19 조증 치료의 기본이 된 탄산리튬

첫 환자는 5년 동안 조증을 앓던 51세 남성이다. 이 남성에게 하루 3회 탄산리튬을 투여했더니, 5일도 지나지 않아 조증 증상이 완전히 사라졌다. 너무나도 극적인 효과다. 이 효과를 믿을 수 없었던 케이지는 이 남성을 병원에서 8주 동안 관찰하였다.

입원 기간 남성은 일상생활이 가능했다. 퇴원 후에도 계속 탄산리튬을 복용한 남성은 일반적인 가정생활을 하고, 사회생활에서도 성공을 거두었다.

케이지는 약 10명의 조증 환자에게도 탄산리튬을 투여하였으며, 첫 환자와 마찬가지로 극적인 결과를 얻을 수 있었다.

케이지는 기니피그가 잠들었다면 사람도 잠들 것으로 생각하고, 조증 환자와 우울증 환자, 조현병 환자, 건강한 사람에게 탄산리튬을 투여한 후 그 모습을 관찰했다.

그러자 우울증 환자와 조현병 환자, 건강한 사람에게서는 어떠한 반응도 찾아볼 수 없었지만, 그때까지 잠을 자지 못했던 조증 환자만 과잉 활동이 진정되어 잠들 수 있었다. 즉, 조증 환자 뇌의 비정상적인 흥분이 탄산리튬에 의해 진정된 것이다.

그리고 1949년, 이 결과를 정리하여 「이상한 뇌의 흥분을 억제하는 리튬 염」이라는 논문을 호주의 의학 잡지에 발표하였는데, 그 누구에게도 주목받지 못했다.

전 세계적으로 논문을 발표한 의학 잡지의 평가가 그다지 높지 않다는 점과 존 케이지가 유명한 과학자가 아니라는 점이 이 중요한 논문이 묻힌 원인이었던 것 같다.

그러다 1954년 덴마크의 정신과 의사인 모겐 쇼가 탄산리튬을 조증 환자에게 투여하여 케이지에 의해 먼저 보고되었던 치료 효과를 재현하였다. 그 후 쇼가 조증 치료에 대한 리튬제의 유효성을 주장하면서 이 치료법이 유럽으로 확산되었다.

그리고 1960년대부터 조증 증상을 개선하는 물질로 널리 인정받은 탄산리튬은 본격적으로 치료에 이용되었으며, 지금은 조증의 기본 치료제로 자리 잡았다.

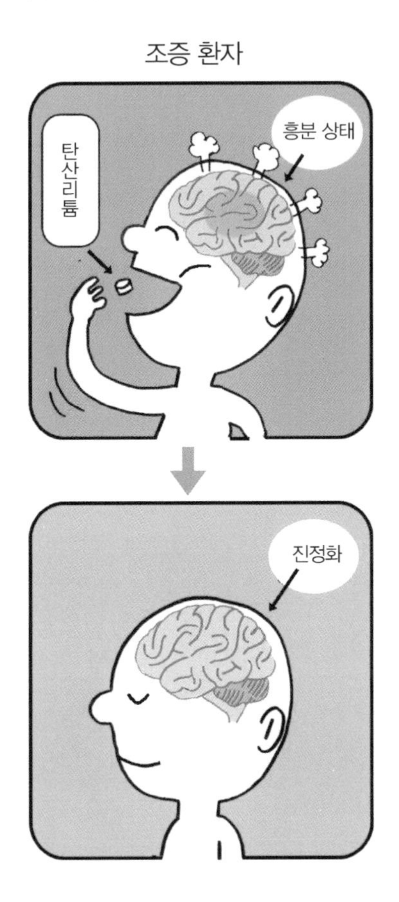

20 건강 붐과 탄산리튬

1940년대 미국에서 혈압을 내리기 위한 감염 건강법이 붐을 일으킨 적이 있다. 그런데 이 '감염(減塩)'이라는 것은 염분이 적은 베이컨이나 햄을 먹는 상식적인 것이 아니었다. 식염 대신 염화리튬(식염과 거의 같은 맛)을 섭취하여 체내 나트륨을 강제적으로 배출하는 과격한 방법이었다. 이 때문에 리튬 중독이 발생하여 많은 사망자가 나왔다.

탄산리튬을 대량 섭취하면 손 떨림, 감각 이상, 기억 이상과 같은 신경 증상이 나타난다. 또 간 장애, 구역질, 구토, 현기증, 이명, 의식 장애, 혼수 등의 리튬 중독 증상이 나타나며, 최악의 상황에는 죽음에 이를 수 있다.

원인은 정확히 규명되지 않았지만, 탄산리튬이 세포 내에서 단백질 합성을 지시하는 신호인 이노신산의 농도를 변화시켜 대사가 정상적으로 이루어지지 않아서라는 설이 있다.

조증 치료에 탄산리튬을 이용할 경우 하루에 400~600밀리그램을 복용하는데, 이때 섭취하는 식염 양에 주의해야 한다. 식염 섭취량이 너무 많거나 적으면 혈액 중 리튬 양에 변화가 생기기 때문이다.

예를 들어, 식사로 섭취하는 식염 양이 너무 적으면 혈액 중 리튬 농도가 과도하게 높아져 독성이 나타난다. 반대로 식염이 너무 많으면 리튬 농도가 내려가 효과가 없다.

현재 식염은 매일 8~10그램의 일정량을 섭취할 것을 권장하고 있다.

21 원인이 없는데 불안이 심해지는 불안장애

모노아민의 과잉으로 발생하는 두 번째 마음의 병은 불안장애다.

불안이란 안심할 수 없고 신경이 쓰여 참을 수 없는 상태다. 물론 불안은 누구에게나 있다. 우리가 살아 있는 한 불안은 어디든, 언제까지나 따라다닐 것이다.

다만 대부분의 불안은 힘든 것은 분명한데 참을 수 있는 정도라서, 장기간 지속되지 않으며 일상생활이 가능하다. 게다가 원인이 명확해서 원인이 없어지면 불안도 해소되는 정상적인 불안으로 병이 아니다.

그런데 정상적이지 않은 불안도 있다. 이것이 병적인 불안으로, 원인이 명확하지 않고 오래 지속되며 쉽게 해결되지 않는 것이 특징이다. 이 때문에 몹시 힘들고 참지 못하며 일상생활도 불가능하다. 병적인 불안이 심각해지면 심계항진, 발한, 떨림, 가슴 두근거림과 같은 증상이 나타난다.

이와 같은 불안을 완화하기 위해서는 뇌의 비정상적인 흥분을 억제해야 한다. 이러한 작용을 항불안 효과라고 한다. 항불안 효과가 있는 물질은 수면 유도도 가능하다. 현재 항불안제는 병원에서 수면제로 이용된다.

22 항불안제의 역사

불안을 완화하는 목적으로 주로 사용되는 물질에는 바르비투르산계, 브롬이소발(브롬이소발은 상품명으로, 일반명은 브롬발레릴 요소), 메프로바메이트가 있다.

1800년대에 독일의 화학자 알프레드 바이엘이 처음 바르비투르산계를 합성하였다. 그리고 1903년, 최초의 바르비투르산계인 바르비탈이 베로날이라는 상품명으로 출시되었다. 이후 부작용은 있었지만 항불안제와 수면제의 기본 약으로 쓰이면서, 항불안제로는 소량 복용하고 수면제로는 더 많은 양을 복용하였다.

바르비투르산계는 초기에 비해 크게 개선되었지만, 뇌를 진정시키는 효과를 보이는 양이 치사량에 가깝다는 결점이 여전히 남아 있었다. 이에 잘못해서 과잉 복용하여 사망하는 사고도 종종 발생하였다.

또 바르비투르산계는 약물 의존을 일으키고, 약물을 분해하는 효소 작용을 높이는 심각한 부작용도 확인되었다.

그 후 바르비투르산계보다 부작용이 없다고 하여 브롬이소발이 개발되었다. 브롬이소발은 복용하면 분자에 함유된 브롬화물(Br^-)이 분비되어 뇌로 들어가 신경의 흥분을 억제한다. 그러나 브롬이소발은 배출 속도가 느려 체내에 축적되기 쉽고 의존성이 강할 뿐만 아니라 대량 섭취하면 호흡 억제를 일으킬 위험이 있어서 지금은 거의 사용하지 않는다.

1950년경 메프로바메이트는 동물의 행동을 진정시키고 사람의 불안을 제거하는 작용이 있다고 보고되어 주목받았다. 게다가 바르비투르산계와 달리 메프로바메이트에는 졸음을 유발하지 않는다는 장점이 있어서, 1955년 미국에서 밀타운이라는 상품명으로 출시되어 큰 인기를 얻었다. 일본에서도 아트락신이라는 상품명으로 판매되어 큰 인기를 얻은 바 있다.

그러나 메프로바메이트를 계속 복용한 환자에게서 내성과 의존이 발생한 데 이어 복용을 중단하면 섬망이나 경련과 같은 금단증상이 나타나면서 지금은 거의 사용하지 않고 있다.

섬망이란 의식 장애 중 하나로 환각, 헛소리, 특정 동작의 반복을 동반하고, 자기만의 세계에 빠져드는 것을 말한다.

이렇게 바르비투르산계나 메프로바메이트를 사용하지 않게 되면서, 그 대신 1961년에 발명된 벤조디아제핀계를 압도적으로 많이 처방하게 되었다.

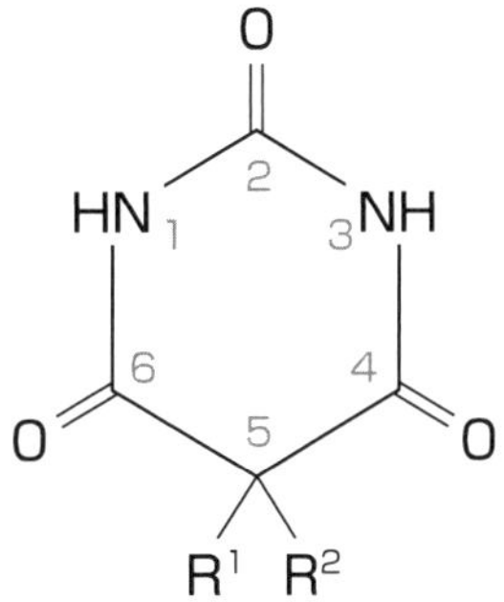

〈도표 12〉 **바르비투르산계의 분자 구조**

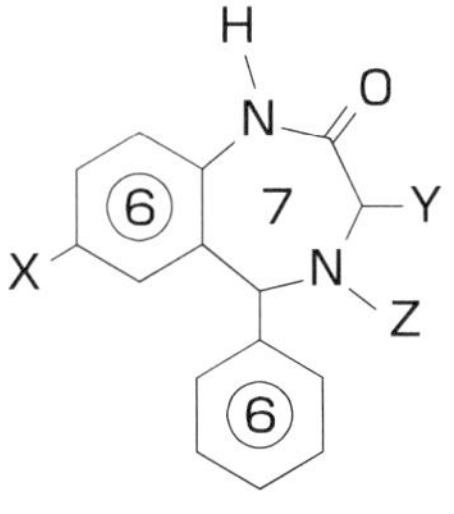

〈도표 13〉 **벤조디아제핀계의 분자 구조**

23 벤조디아제핀계의 특징

앞에서 설명했듯이 벤조디아제핀계는 육각형 벤젠 고리 두 개와 칠각형 고리 한 개, 총 세 개의 고리로 이루어져 있다. 완전히 다른 칠각형 고리에는 두 개의 질소 원자가 들어 있다.

벤조디아제핀계 시스템의 수용체는 뇌에만 있다. 감정을 관장하는 대뇌변연계나 욕망을 낳는 뇌간의 시상하부에 작용하여 불안을 억제하는 등 중요한 기관인 뇌의 흥분에 브레이크를 거는 특별한 구조다.

신경세포 막에는 가바 수용체가 있어서, 여기에 가바가 결합하면 클로라이드가 신경세포 안쪽으로 재빨리 이동한다. 즉, 가바 수용체의 결합에 의해 억제성 신호가 발생하여 신경세포가 쉽게 흥분하지 않게 된다.

그리고 벤조디아제핀 수용체에 벤조디아제핀계가 결합하면 가바 수용체가 가바를 더욱 쉽게 받아들인다. 이로써 대량의 클로라이드(염소 이온)가 신경세포 안쪽으로 이동하고, 안쪽은 마이너스가 매우 강해지기 때문에 흥분이 과도하게 억제된다.

벤조디아제핀계는 바륨이나 할시온이라는 상품명으로 출시되고 얼마 안 있어 항불안제의 왕위를 차지하게 되었다. 효과도 좋았지만 안전성이 상당히 뛰어났다.

안전성을 나타내는 기준으로는 치사량을 유효량으로 나눈 값이 사용된다. 이 수치가 1이면 유효한 양을 복용했을 때 반드시 죽음에 이르는 매우 위험한 약(실제로는 맹독)이다. 이 수치가 커질수록 치사량에 대한 유효량이 적은, 즉 안전한 약이라고 할 수 있다.

그렇다면 벤조디아제핀계는 다른 약에 비해 얼마나 안전할까? 이 수치는 모르핀이 10, 조현병을 억제하는 약인 클로르프로마진이 30, 페노바르비탈이 50, 그리고 벤조디아제핀계가 1,000이다.

다른 약에 비해 굉장히 안전하기 때문에 벤조디아제핀계가 가장 많이 쓰인다.

여기에서 말하는 안전성은 죽음을 기준으로 한 것이다. 벤조디아제핀계를 연속 4개월 이상 복용하면 부작용은 물론 내성과 의존이 발생한다는 것을 잊지 않기 바란다.

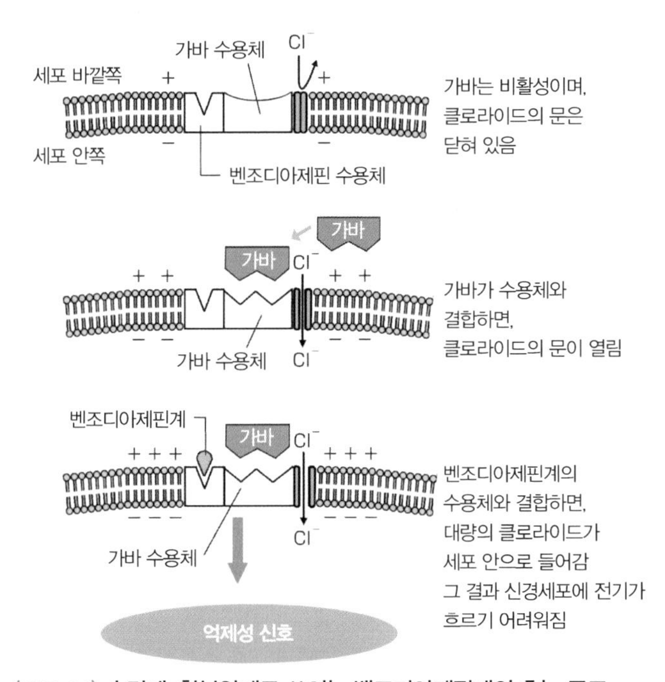

〈도표 14〉 **수면제, 항불안제로 쓰이는 벤조디아제핀계의 효능 구조**

24 도파민이 부족하면 파킨슨병이 생긴다

1996년 하계 올림픽 개회식에서 무하마드 알리가 떨리는 손으로 올림픽 성화에 불을 붙였다. '나비처럼 날아서 벌처럼 쏜다'는 경쾌한 발놀림의 주인공인 알리는 상상할 수 없을 정도의 어색한 움직임을 보였다.

알리는 은퇴 후 펀치로 인한 뇌의 타박상 때문으로 추정되는 파킨슨병(또는 파킨슨 증후군) 환자 중 한 명이 되었다. 텔레비전을 보던 전 세계 시청자들은 떨면서도 필사적으로 성화에 불을 붙이는 알리의 모습에 감동받았다.

파킨슨병은 1917년 영국인 의사 제임스 파킨슨에 의해 처음 보고되었다. 그는 6명의 동작마비 환자에 대해 「떨리는 마비(Shaking palsy)」라는 제목의 논문을 발표했다.

몸의 움직임이 어색하고 얼굴은 마스크처럼 표정이 없으며 손발이 떨리고 근육을 움직이기 어려워 동작을 시작하는 데 시간이 걸린다. 그런데 일단 걸음을 떼면 점점 발걸음이 빨라져 넘어질 수 있으며 자세는 앞으로 기울어 있다.

65세 이상의 고령자에게서 많이 나타나는 병이다. 2010년 기준으로 미국에 50만 명이 넘는 환자가 있으니, 인구가 미국의 3분의 1 수준인 일본의 환자 수는 약 16만 명으로 추정할 수 있다.

파킨슨병은 뇌에 도파민이 부족하거나 아세틸콜린이 과잉되면 발생한다. 뇌혈관 장애나 뇌종양과 같은 병, 뇌 외상, 약물 복용에 의해 뇌의 도파민이 부족해도 손발이 떨리는 등 마치 파킨슨병과 같은 증상이 나타난다. 이것을 파킨슨 증후군이라고 부른다.

몸을 원활하게 움직이는 것은 근육의 무의식적인 움직임을 관장하는 추체외로계의 운동신경이다. 추체외로계의 운동신경은 중뇌의 흑질이나 대뇌의 선조체와 같은 두 신경에 의해 컨트롤된다. 몸의 움직임에 대해 도파민이 많은 흑질은 브레이크, 아세틸콜린이 많은 선조체는 액셀러레이터로 작용한다.

만약 뇌에서 도파민 신경이 파괴되거나 사멸하면 흑질의 도파민이 부족하여 흥분을 억제하는 브레이크가 제대로 작동하지 않는다. 그러면 상대적으로 선조체의 액셀러레이터가 과도하게 작용하여 추체외로계의 운동신경 흥분이 높아진다.

이 흥분이 시상, 운동령, 척수를 지나 근육에 전달되면 파킨슨병 특유의 손발 떨림이나 어색한 움직임이 나타나는 것이다.

25 파킨슨병을 치료하다

파킨슨병은 흑질의 변성에 의해 브레이크 역할을 하는 도파민이 결핍되거나 액셀러레이터 역할을 하는 아세틸콜린이 과잉되어 운동신경이 과도하게 흥분하는 데 그 원인이 있다.

이 비정상적인 흥분을 억제하여 적당한 상태로 만드는 데는 결핍된 도파민을 보충하거나 과잉된 아세틸콜린의 작용을 억제하는 두 가지 방법을 생각할 수 있다.

부족한 도파민을 보충하기 위해서는 도파민을 먹거나 주사하면 된다고 생각할 수 있는데, 이는 생각만큼 쉬운 일이 아니다.

물질이 뇌에서 활동하려면 먼저 물질이 뇌로 들어가야 한다. 이는 절대적인 조건이다. 그러나 뇌는 중요한 기관이어서 통과시켜야 하는 물질을 취사선택하는 혈액-뇌 관문이라는 지방으로 된 곳이 있다는 것은 앞에서 설명하였다. 따라서 수용성 도파민은 혈액-뇌 관문을 통과할 수 없다. 입으로 섭취하든 주사를 맞든 절대 뇌로 들어갈 수 없기 때문에 뇌에 효과가 없다.

이렇게 포기해야 하는 것일까. 포기하기에는 아직 이르다. 요컨대 혈액-뇌 관문을 무사히 통과시키기만 하면 되는 것이다. 그렇게 하기 위해서는 도파민에 가면을 씌워 변장시키면 된다. 그리고 변장한 도파민이 무사히 뇌에 들어간 다음에는 가면을 벗기고 도파민으로 되돌리면 된다. 가면을 벗기는 역할은 뇌에 있는 효소에 부탁하도록 하자.

이를 위해 만들어진 것이 도파민에 이산화탄소가 부착된 L-도파라는 물질이다. 뇌에 들어간 L-도파는 L-도파 변환 효소에 의해 이산화탄소가 떨어져 도파민이 된다는 계산이다.

L-도파를 복용하면 파킨슨병의 증상이 개선되기 때문에, L-도파는 과학자들의 지혜가 꽃 피운 성공 사례라고 할 수 있다. 하지만 도파민 신경의 변성은 아직 남아 있는 상태라서 병이 완치된 것은 아니다. 즉, 이 부분은 향후 연구 과제로 남아 있다.

또 비타민B_6(피리독신)는 L-도파 변환 효소의 작용을 강화하기 때문에 L-도파와 함께 섭취하면 안 된다. 만약 L-도파와 비타민을 같이 섭취하면 L-도파의 대부분이 위에서 도파민으로 모델 변경되기 때문에 극소량의 L-도파만 뇌로 들어간다. 이렇게 되면 L-도파의 효과는 격감한다.

그렇다면 위에서 L-도파 변환 효소의 작용을 방해하는 물질을 L-도파와 함께 복용하면 될 것으로 생각한 독자는 이해력이 좋다고 할 수 있다. 위에서 L-도파의 분해를 방해하여 헛수고를 줄인 만큼 뇌로 들어가는 L-도파 양이 늘어 효과가 좋아질 것이다. 이것이 카비도파나 벤세라지드라고 하는 물질로, L-도파와 함께 섭취한다. 이렇게 함께 섭취하면 L-도파의 섭취량을 줄여 부작용을 낮추는 데 성공할 수 있다.

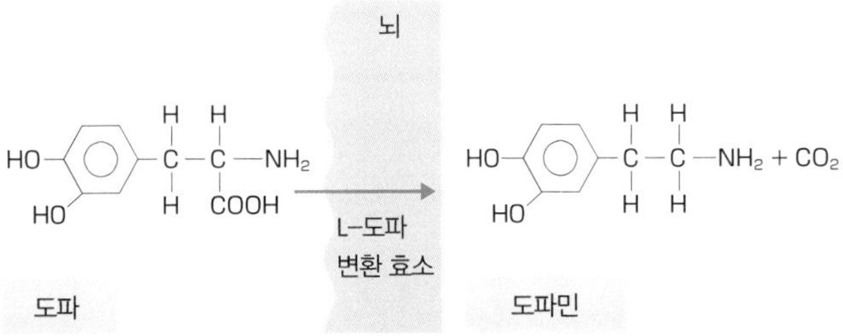

뇌

도파 → (L-도파 변환 효소) → 도파민 + CO_2

〈도표 15〉 **L-도파 변환 효소의 작용**

조금 다른 종으로, 애먼타딘이라는 물질이 파킨슨병의 치료에 이용되고 있다.

애먼타딘이 파킨슨병에 효과가 있다는 것은 우연히 발견되었다. 이 물질은 항바이러스 작용이 있어서 1966년부터 미국에서 A형 독감 치료제로 이용되었다. 1968년, 매사추세츠 종합병원의 로버트 슈왑이 독감에 걸린 파킨슨병 환자에게 이 약을 투약했더니 파킨슨병의 증상도 개선되었다. 그래서 임상 실험을 진행하였으며 그 효능을 인정받게 되었다.

신약 발견에는 이러한 우연도 많다. 특히 마음의 병을 개선하는 향정신제에서 그러한 사례를 많이 찾아볼 수 있다.

애먼타딘이 파킨슨병의 증상을 개선시키는 이유는 아직 밝혀지지 않았지만, 선조체에서 도파민 방출을 촉진하기 때문으로 추측하고 있다.

• 아세틸콜린의 활동을 억제하다

파킨슨병의 원인 중 한 가지는 선조체에서 아세틸콜린이 과잉 분비되기 때문으로, 분비를 억제하면 예방할 수 있지만 안타깝게도 아직 성공하지 못했다. 따라서 과잉 분비되는 아세틸콜린의 활동을 억제하는 데 주안점을 두고 치료 중이다.

아세틸콜린이 수용체와 결합하는 것을 방해함으로써 아세틸콜린의 활동을 억제할 수 있다.

아트로핀이나 스코폴라민과 같은 벨라도나 알칼로이드는 100년 전부터 파킨슨병 치료에 이용되어 왔다. 이들은 초기 파킨슨병 증상 중 떨림이나 근육 경직을 막는 데 효과적이었다.

현재 이용하고 있는 트리헥시페니딜이나 피페리딘 등의 물질은 아세틸콜린과 수용체를 경쟁시켜 아세틸콜린의 활동을 억제한다.

또 삼환계 항우울제인 아미트립틸린이나 항히스타민제인 디펜히드라민은 아세틸콜린의 수용체와 결합하여 그 활동을 억제하기 때문에 파킨슨병의 개선에 효과적이다.

26 도파민 과잉으로 조현병이 발생하다

도파민은 쾌감이나 활력을 가져다주는 전달물질로, 이 전달물질이 부족하면 파킨슨병이 생긴다는 것은 이미 설명하였다. 물론 다른 전달물질처럼 도파민이 많다고 좋은 것은 아니다. 도파민이 대뇌변연계에서 과잉 분비되면 조현병이 발병한다.

조현병은 대표적인 정신병이라고 할 수 있는데, '정신병' 하면 조현병을 가리킬 정도다. 그 증상으로는 환청, 환각, 망상을 들 수 있다.

환청은 아무도 없는데 소리가 들리는 것을 말한다. 예를 들면, 자신을 비난하거나 헐뜯는 소리가 들리는 것이다.

환각은 현실 세상에는 있을 수 없는 것을 보는 것이다.

망상은 있지도 않은 것을 진짜 있다고 믿는 것이다. 그중에서도 피해망상은 '가까운 사람이 도청기나 감시 카메라로 자신을 보고 있다', '주스나 커피에 독이 들어 있다'와 같은 말을 하는 증상이다. 남을 훔쳐보는 행동은 잘못된 것인데, 본인은 괜찮다고 믿는 것이 망상의 특징이다.

환청, 환각, 망상이 반복되면 의욕이 없어지는 의욕 감퇴, 사람이 싫어져서 집에 틀어박히게 되는 자폐 등에 빠질 수 있다. 이렇게 되면 사회생활에도 지장이 생긴다.

다만 조현병은 드문 현상이 아니라 어느 나라에나 인구의 약 1%에서 나타나는 마음의 병이다. 일본에도 약 73만 명의 환자가 있다(역자 주: 국가 정신건강 현황 보고서 2021에 따르면 한국의 조현병 진단자는 18만 2,901명이다).

조현병 환자의 부모나 자식, 형제는 보통 사람들보다 훨씬 높은 빈도로 발병한다. 또 일란성과 이란성 쌍둥이의 발병 빈도를 비교해 보면, 일란성 쌍둥이의 일치율(p. 66 참조)은 약 50%, 이란성 쌍둥이의 일치율은 약 20%다. 이러한 점으로 미루어 볼 때 조현병 발생에 유전적 요소가 관련되어 있다는 것은 확실하다.

물론 유전자만으로 발병이 정해지는 것은 아니다. 애당초 일란성 쌍둥이의 일치율이 약 50%인 것은 발병에 환경, 교육, 경험이 유전과 같은 정도로 중요하다는 것을 의미한다.

조현병과 관련된 유전자는 연구가 가장 활발히 진행되고 있는 분야 중 하나로, 곧 원인이 되는 유전자가 발견될 것으로 기대 중이다.

27 조현병을 치료하다

조현병은 감정을 관장하는 대뇌변연계에서 도파민이 과잉 분비되어 도파민 신경이 과도하게 흥분할 때 발생하기 때문에, 이 비정상적인 흥분을 억제하면 증상은 개선될 것이다. 그러려면 신경세포에서 분비된 도파민이 수용체와 결합하는 것을 방해하면 된다. 대표적인 물질이 클로르프로마진과 할로페리돌이다.

이 두 물질은 도파민과 비슷해서 도파민 대신 수용체와 결합한다. 그 결과 수용체와 결합하는 도파민이 감소하여, 비정상적인 흥분이 가라앉고 조현병 증상이 개선된다.

그럼 클로르프로마진과 할로페리돌이 도파민 수용체와 결합해도 도파민 효과가 나타나지 않는 이유는 무엇일까? 그 열쇠는 클로르프로마진과 할로페리돌, 도파민의 모습에서 찾을 수 있다.

도파민은 '거북-C-C-N' 결합이지만, 클로르프로마진과 할로페리돌은 '거북-C-C-C-N' 결합으로 탄소가 한 개 많다. 이 차이 때문에 도파민 수용체와 결합할 수는 있지만, 흥분성 신호를 보내지는 않는다.

겨우 탄소 한 개의 차이가 뇌를 흥분시킬지 억제할지와 같은 완전히 반대의 효과를 나타내는 것이다. 뇌가 미묘한 물질의 모습 차이를 이용하여 우리의 마음을 만든다는 것에 실로 감탄하지 않을 수 없다.

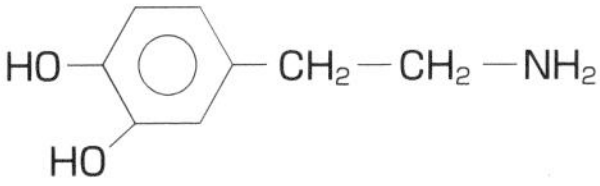

HO — (벤젠 고리) — CH_2 — CH_2 — NH_2

HO

'거북–C–C–N' 결합

도파민

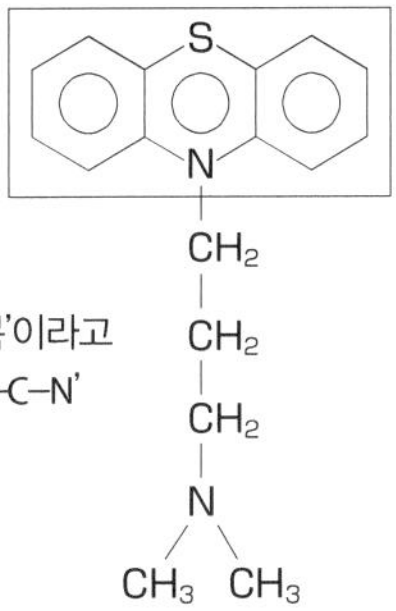

S

N

CH_2

CH_2

CH_2

N

CH_3 CH_3

페노티아진 핵을 '거북'이라고 생각하면, '거북–C–C–C–N' 결합이 됨

클로르프로마진

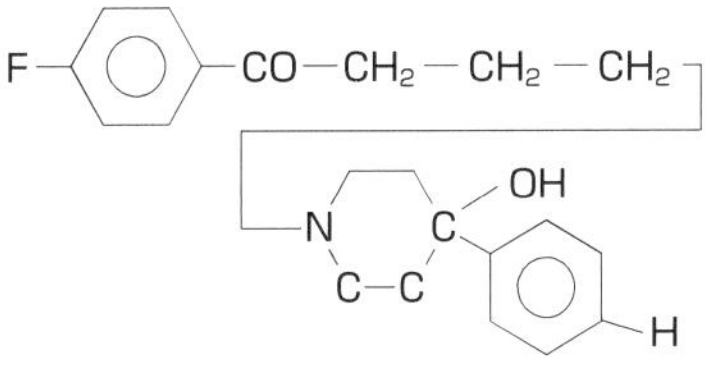

F — (벤젠 고리) — CO — CH_2 — CH_2 — CH_2

OH

N C

C — C

H

'거북–C–C–C–N' 결합

할로페리돌

〈도표 16〉 **도파민과 클로르프로마진, 할로페리돌의 분자 구조는 매우 비슷하다**

28 클로르프로마진과 할로페리돌의 문제점

클로르프로마진과 할로페리돌은 조현병의 증상을 훌륭히 억제한다. 그러나 도파민 신경은 대뇌변연계에만 있는 것이 아니다. 뇌 이외의 곳에 있는 도파민 신경의 활동을 억제해서 발생하는 부작용은 피할 방법이 없다.

예를 들면, 흑질에서 선조체로 향하는 신경에 도파민이 부족하면 파킨슨 증후군, 아카티시아(좌불안석증), 디스토니아(근육긴장이상) 등이 나타난다.

파킨슨 증후군은 약을 복용하면 뇌 속 도파민이 부족하여 손발이 떨리는 등 마치 파킨슨병에 걸린 것처럼 증상이 나타나는 것을 말한다.

아카티시아는 가만히 있지 못해 끊임없이 움직이고, 앉거나 서는 동작을 반복하는 증상을 보인다. 또 디스토니아는 얼굴을 찡그리고, 고개를 한쪽으로 기울이는 증상이 나타난다. 이 외에도 발열, 발한, 고혈압, 정신 혼미 등의 증상이 보고되고 있다.

29 아세틸콜린이 부족하면 알츠하이머병이 발생한다

아세틸콜린이 과잉 분비되면 파킨슨 증후군이 발병하고, 반대로 너무 적게 분비되면 알츠하이머병이 발병한다.

노화가 진행되면 두뇌 활동이 저하된다. 이 상태가 더욱 진행되면 생각하는 것도, 기억하는 것도, 판단하는 것도 불가능해진다. 이것이 '인지저하증'이다(역자 주: 치매라는 용어에는 부정적인 의미가 담겨 있어 개정하고자 하는 국내 움직임이 활발하다. 본 책에서는 치매를 대체해 '인지저하증'이라는 표현을 사용했다). 고령화가 진행될수록 인지저하증 노인 수가 폭발적으로 증가 중이다.

인지저하증은 크게 뇌혈관성 인지저하증과 알츠하이머병 두 가지로 분류된다. 전자는 혈액의 흐름이 좋지 않은 것이 원인이어서 진단이 쉽고 치료 약도 있다. 문제는 후자인 알츠하이머병으로 인지저하증의 대부분을 차지하며, 현재 원인이나 치료법이 밝혀지지 않았다.

장수하면 할수록 알츠하이머병이 발병할 위험도 높아진다. 미국 알츠하이머병 협회는 미국의 알츠하이머병 환자 수가 1975년 50만 명, 2005년 450만 명, 2007년 510만 명으로 폭발적으로 늘고 있으며, 2050년에는 1,100~1,600만 명이 될 것이라는 전망을 발표했다.

알츠하이머병 환자는 건망증이 심하며 자주 배회하는 것으로 알려져 있는데, 증상이 그것만 있는 것은 아니다. 고속도로를 역주행하거나 간호하는 가족에게 폭력을 휘두르는 일도 많으며 다치거나 죽음에 이르는 경우도 적지 않다.

미국에서 알츠하이머병의 치료비는 2010년 연간 8조 엔에 달했다. 이 사태를 심각하게 받아들인 정부는 해당 연도에 알츠하이머병의 예방과 치료를 위한 연구에 약 650억 엔이나 되는 자금을 투입하였다.

일본의 인지저하증 환자는 140만 명으로, 그중 알츠하이머병 환자 수는 70만 명으로 추산된다(역자 주: 중앙치매센터의 조사 결과, 2021년 한국의 65세 이상 인지저하증 환자 수는 89만 명으로 이 중 알츠하이머성 치매는 50~80%를 차지하는 것으로 알려져 있다). 고령화가 진행될수록 환자 수가 급증하는 것은 확실해 보인다.

알츠하이머병의 증상은 3기로 나눌 수 있다. 제1기에는 건망증이 나타나며 일시나 장소, 사람의 이름 등을 기억하지 못한다. 제2기에는 자신이 있는 장소를 모르고 대화가 잘되지 않는다. 그리고 제3기에는 계속 누워 있게 된다. 제1기부터 약 10년에 걸쳐 제3기까지 진행된다.

30 알츠하이머병의 치료

알츠하이머병은 오랜 시간에 걸쳐 뇌 신경세포의 거의 절반이 사멸하고 이로 인해 뇌가 위축해 기억력이 심각하게 저하되는 병이다.

알츠하이머병을 효과적으로 해결하기 위해서는 신경세포를 죽이지 않아야 한다. 그럼 뇌의 신경세포는 어떻게 죽는 것일까?

가장 유력한 설은 약 40개의 아미노산으로 이루어진 β-아밀로이드라는 소형 단백질이 뇌에 축적되는 것이다. 가장 유력한 설이라고 했듯이, 2011년 단계에서는 여전히 원인을 밝혀내지 못했다.

이와 같이 알츠하이머병의 효과적인 치료법을 확립하기 위해서는 여전히 긴 시간이 필요해서 적어도 환자 증상을 개선할 수 있는 수단을 찾아내야만 한다. 그래서 대증요법이 필요한 것이다.

알츠하이머병 환자의 뇌에서는 기억, 학습, 인식과 관련된 해마에서 아세틸콜린을 만드는 신경세포가 대량 사멸하기 때문에 아세틸콜린 농도도 꽤 낮아진다.

환자의 뇌에 아세틸콜린이 부족할 경우 이를 보충하면 증상이 개선되지 않을까?

우선 아세틸콜린이 전달물질로서 어떻게 만들어지며, 어떻게 작동하여 이후에 어떻게 분해되는지 살펴보자.

레시틴(포스파티딜콜린)과 에탄올아민에서 콜린이 생성되고, 여기에 아세트산 단위인 아세틸기가 부착되어 아세틸콜린이 생긴다. 이 아세틸콜린은 작은 꾸러미에 보관된다. 거기에 전기신호가 들어가 작은 꾸러미를 자극하면, 작은 꾸러미는 신경 말단으로 이동하여 아세틸콜린을 분비한다.

분비된 아세틸콜린이 시냅스를 건너 가까이에 있는 신경세포 수용체와 결합하면 각성, 학습, 기억과 같은 뇌 활동을 강화한다.

또 시냅스에 있는 아세틸콜린은 아세틸콜린 에스테라아제라고

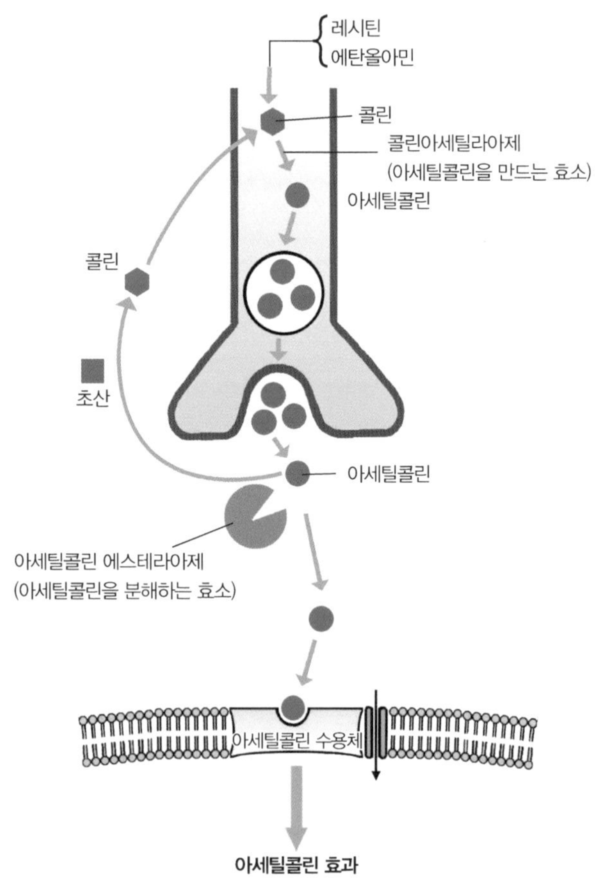

〈도표 17〉 **아세틸콜린의 생산과 분해 구조**

하는 효소에 의해 콜린과 아세트산으로 분해된다. 콜린은 다시 신경세포에 흡수되어 콜린아세틸라아제라는 효소에 의해 아세트산 단위가 부착돼 아세틸콜린이 재생된다. 이렇게 아세틸콜린의 리사이클이 진행된다.

알츠하이머병의 증상을 개선하기 위해서는 수용체와 결합하는 아세틸콜린을 늘리면 된다. 그러려면 아세틸콜린의 생산을 늘리거나 아세틸콜린의 분해를 억제하는 두 가지 방법을 생각해 볼 수 있다.

우선 아세틸콜린의 생산을 늘리기 위해 그 원료인 콜린이나 레시틴을 식사할 때 섭취하는 임상 실험이 이루어졌는데, 기대한 만큼의 효과는 얻지 못했다.

레시틴을 부여하면 확실히 뇌의 아세틸콜린 수준은 높아지지만, 그 정도 상승으로는 아세틸콜린 신경의 부족을 보충하기에 충분하지 않다.

그래서 지금은 아세틸콜린의 분해를 억제하기 위해 아세틸콜린에스테라아제의 작용을 방해하는 방법을 이용하고 있다.

31 아세틸콜린 에스테라아제의 작용을 방해하는 타크린

아세틸콜린 에스테라아제 작용을 방해하는 물질을 콜린에스테라아제 억제제라고 하며, 항알츠하이머병 약으로 이용되고 있다. 타크린(코그넥스), 도네페질(아리셉트), 갈란타민(레미닐), 리바스티그민(엑셀론)이 대표적이다.

이 유형의 첫 번째 약인 타크린을 예로 들어 보겠다.

타크린은 1, 2, 3, 4-테트라히드로-9-아미노아크리딘(THA)이라는 물질이다. 이름이 길어서 '타크린'이라는 이름으로 부르게 되었다.

타크린 효과를 처음 발표한 사람은 UCLA(캘리포니아대학교 로스앤젤레스)의 윌리엄 서머스로, 1986년에 타크린과 레시틴을 투여한 알츠하이머병 환자의 기억과 행동이 개선되었다는 내용을 보고하였다.

그로부터 7년 후인 1993년 3월, 타크린은 알츠하이머병 치료제 제1호로 FDA(미국식품의약국)의 인가를 받아 워너램버트사가 코그넥스라는 상품명으로 출시하였다. 코그넥스는 '인지(cognition)'라는 말에서 유래하였다.

32 타크린의 부작용

타크린을 복용하자 그때까지 무기력했던 사람이 움직일 수 있게 되었다. 타크린의 효과는 굉장하지만, 복용하는 환자의 약 5%에서 간 장애 부작용이 발생한다는 단점이 있다. 이 때문에 타크린은 간 기능을 확인하며 복용해야 한다.

부작용의 원인을 조사한 결과, 타크린이 아세틸콜린 에스테라아제뿐만 아니라 다른 효소와도 결합하기 때문이라는 것을 알게 되었다. 그렇다면 타크린보다 선택적으로, 훨씬 강하게 아세틸콜린 에스테라아제와 결합하는 물질이 있으면 해결될 것이다. 이 물질은 타크린보다 복용량을 줄일 수 있기 때문에 간에 대한 부담이 경감되어 부작용도 낮아지는 것으로 알려져 있다.

이러한 내용을 바탕으로 미국 메이요 클리닉의 유안 팬 그룹은 타크린이 두 개 이어진 더블 타크린을 만들었다. 예상대로 더블 타크린은 타크린보다 아세틸콜린 에스테라아제와 1,000배나 강력하게 결합하였다.

이것을 기억을 잃은 쥐에게 투여하자 타크린을 복용했을 때보다 100배나 빠른 속도로 기억을 회복했다. 그렇다면 복용량을 줄일 수 있다.

드러그 디자인으로 유명한 UCSF(캘리포니아대학교 샌프란시스코)의 피터 콜만은 '이 연구는 단백질 구조를 바탕으로 한 윤리적인 약 설계의 훌륭한 사례'라고 높이 평가했다.

해외에서는 타크린 이외에도 콜린에스테라아제 억제제인 도네페질, 갈란타민, 리바스티그민이 알츠하이머병의 치료제로 이용되고 있다.

도네페질은 에자이가 개발한 항알츠하이머제다. 이 약은 알츠하이머병의 증상이 일시적으로 조금 완화되지만, 효과가 오래 지속되지는 않는다. 부작용으로 오심, 구토, 식욕 저하, 두통, 현기증 등의 증상이 나타나며, 항콜린제 복용에 의해 억제되는 것으로 알려져 있다.

항알츠하이머제 중 콜린에스테라아제 억제제로는 도네페질에 이어 얀센파머의 갈란타민도 2011년 1월 일본에서 승인되었다.

33 신경세포의 흥분사를 방지하는 메만틴

신경세포는 너무 흥분해도 죽음에 이르게 된다. 특히 NMDA(N-메틸D-아스파르트산)라고 불리는 수용체에 대량의 글루탐산이 결합하여 과도하게 흥분하면, 신경 변성이나 아포토시스라고 하는 세포의 자살을 유발하는 것으로 알려져 있다.

그렇다고 NMDA 수용체를 완전히 차단하면 기억이나 학습을 제대로 할 수 없기 때문에 곤란하다. 그래서 NMDA 수용체를 부분적으로 차단하여, 신경세포를 과잉 흥분에 의한 자살로부터 보호하는 것을 목적으로 한 부분 억제제가 개발되었다. 첫 번째 부분 억제제가 메만틴으로, 2011년 1월에 일본에서도 메마리라는 상품명으로 승인받았다.

메만틴의 부작용은 혼란, 초조, 두통, 피로 등으로, 알츠하이머병의 증상과 구분하기 어렵다는 것이 단점이다. 그렇지만 항알츠하이머 효과를 나타내는 구조가 콜린에스테라아제 억제제와 다르다는 점에서, 미국에서 메만틴은 아세틸콜린 억제제로 병용되는 경우가 많다.

그리고 메만틴은 1968년에 일라이 릴리사에 의해 합성되었다.

메모

3장

마음을 바꾸는 우리 주변 물질

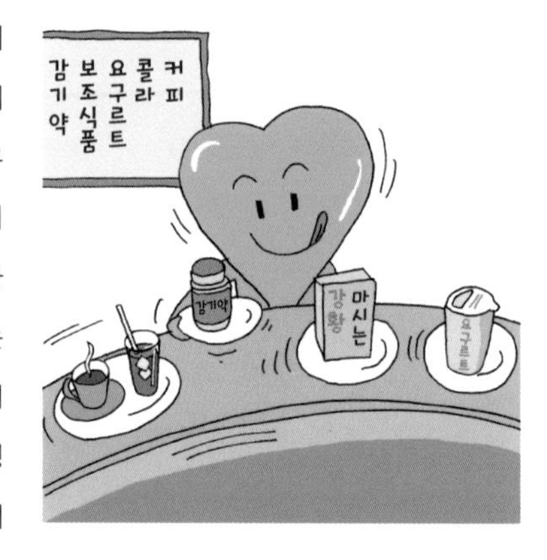

우리 '마음'은 뇌 활동에 의해 생기며, 뇌에서 전달물질의 균형이 유지되면 평상심을 유지할 수 있지만, 균형이 무너지면 병이 생긴다. 따라서 마음의 병을 치료하기 위해서는 체외로부터 물질을 받아들여 뇌 속 전달물질의 무너진 균형을 회복하면 된다는 내용을 지금까지 설명하였다.

즉, 비처방약이나 건강식품, 음식물로 체내에 들어간 물질이라도, 그대로 또는 소화 등에 의해 형태를 바꿔 혈액-뇌 관문을 지나 뇌에 들어가면, 전달물질이나 영양소가 되어 우리 마음을 시시각각 변화시킨다.

이 말은 어떤 비처방약, 건강식품, 음식물을 섭취하느냐에 따라 우리 마음이 크게 바뀐다는 것을 의미한다. 우리 주변의 물질이 우리 마음을 바꾸는 것이다.

이 장에서 설명할 물질의 대부분은 약국에서 의사의 처방전 없이 구입할 수 있는 '비처방약' 또는 그 성분이 함유된 것이다. 미국에서는 비처방약을 'over the counter drug'를 줄여서 'OTC'라고 부른다. 약국에서 직원이 카운터(counter) 너머(over) 손님에게 건네 판매하는 '약'이어서 이렇게 부르게 되었다. 비처방약에도 우리 마음에 영향을 미치는 물질이 많이 함유되어 있다.

뇌를 흥분시키는 카페인, 진통제로 이용되는 아스피린, 에텐자미드, 페나세틴, 아세트아미노펜, 감기약 성분인 페닐프로판올아민이나 덱스트로메토르판, 밤에 분비되는 멜라토닌 등이 대표적이다.

이 장에서는 주로 비처방약과 건강식품에 함유된 물질에 관해 설명하고, 다음 장에서 음식물에 함유된 물질에 관해 설명하겠다. 그럼 우리가 일상생활에서 섭취하는 비처방약이나 건강식품에 함유된 물질이 어떻게 뇌와 마음과 관련되어 있는지 살펴보자.

음식물에 함유되어 있는 물질에 대해서는 4장에서 설명하겠다.

카페인

1 카페인은 전 세계에서 가장 많이 이용되는 합법적인 약

일이나 공부, 회의, 상담을 할 때 커피나 차는 빼놓을 수 없는 요소다. 어린이나 여성은 달콤한 초콜릿이나 탄산음료인 콜라를 좋아한다. 이들 음료나 음식에는 모두 카페인이 함유되어 있다.

전 세계에서 가장 널리 이용되는 뇌를 흥분시키는 합법적인 약이 바로 카페인이다.

카페인은 극약으로 지정되어 있다. 극약이란 독약에 이어 독성이나 약리작용이 강한 의약품으로, 법률에 의해 취급이 규제되어 있는 약이다.

카페인은 커피 원두, 콜라 열매, 카카오 열매, 차 등의 식물에 함유되어 있다. 예를 들면, 커피는 볶은 커피 원두를 잘게 갈아 뜨거운 물을 부은 것으로, 카페인이나 천연 향을 추출한 음료를 말한다.

커피는 기원전 1세기 아랍 제국에서 처음 마셨다고 한다. 그때 당시에는 커피 맛을 즐기는 것이 아니라 오랫동안 자지 않고 종교 수행을 하기 위해 이용되었다. 이렇듯 커피는 종교 수행의 도구 중 하나였다.

커피보다 더 오랜 역사가 있는 것이 차로, 기원전 2700년 중국에서 잘게 부순 찻잎을 뜨거운 물로 추출하여 마셨다.

현재 초콜릿은 밸런타인의 상징이라고 할 수 있는데, 초콜릿도 예전부터 널리 알려져 있었다. 1500년경 중국과 미국에서 번영했던 아스테카 제국의 몬테수마 2세가 즐겨 마시던 '음료'가 초콜릿이다.

당시 초콜릿은 발효 · 건조한 카카오 콩을 볶은 후에 잘게 부순 것으로, 걸쭉한 페이스트 상태였다. 지금은 이것을 냉각시켜 굳히지만, 당시에는 페이스트 상태에 물을 섞어 마셨다. 설탕 등을 첨가하지 않아 단맛이 없고 써서 맛있는 음료는 아니었을 것이다.

아스테카 제국을 침략한 스페인 사람들이 처음 본 초콜릿을 유럽에 소개하였는데, 맛이 매력적이지 않다는 이유로 인기가 없었다.

그런데 1870년대에 스위스 부인이 액체 초콜릿에 우유와 설탕을 섞어 굳힌 맛있는 고체 초콜릿을 만들었다. 이 고체 초콜릿은 네슬레사에 의해 판매되었으며, 순식간에 인기 상품이 되어 오늘날에 이르고 있다.

2 하루에 400밀리그램의 카페인

현대인은 하루에 얼마큼의 카페인을 섭취하고 있을까?

기준을 정하기 위해 커피, 콜라, 차, 초콜릿(코코아) 등의 식품이나 음료, 비처방약에 함유된 카페인의 양을 조사하였다.

그중 커피에는 매우 많은 카페인이 함유되어 있었는데, 미국인이 마시는 연한 커피 한 잔에는 100밀리그램, 일본인이 즐겨 마시는 진한 커피 한 잔에는 150밀리그램이나 되는 카페인이 함유되어 있다.

비처방약에도 상당히 많은 카페인이 함유되어 있다. 졸음 방지제에는 100~500밀리그램, 진통제에는 40~100밀리그램, 감기약에는 25~75밀리그램의 카페인이 들어 있다. 비처방약에는 꽤 많은 카페인이 함유되어 있는데, 이 약을 복용하는 대부분의 사람은 어느 정도의 카페인을 섭취했는지 실감하지 못한다.

〈도표 1〉 음료 등에 함유된 카페인 양

음료	함유량(mg)
콜라	40~60
밀크 초콜릿	18
다크 초콜릿	66
커피(진한 맛)	150
커피(연한 맛)	100
디카페인 커피	0.3
우롱차	30
녹차	30
홍차	90

※ 음료는 150밀리리터, 초콜릿은 100그램, 콜라는 350밀리리터를 기준으로 함

예를 들면, 감기약이나 진통제를 복용한 후 커피 두 잔을 마시면, 400밀리그램 이상의 카페인을 섭취하게 된다.

미국에서 3일간 남녀 400명을 대상으로 하루 동안 음료, 음식, 의약품으로부터 얼마큼의 카페인을 섭취했는지 조사하였다. 조사에 따르면 카페인을 전혀 섭취하지 않은 사람은 400명 중 11명에 불과했고, 그 외 사람들의 하루 평균 섭취량은 남성이 383밀리그램, 여성이 그보다 조금 많은 424밀리그램이었다.

내용을 살펴보면 커피나 차가 88%, 소프트 드링크가 6%, 초콜릿이나 코코아가 1%, 비처방약이 5%였다. 여성의 카페인 섭취량이 남성보다 조금 많았던(일일 평균 약 40밀리그램) 품목은 비처방약으로, 남성은 4.2%이었던 데 반해 여성은 7.2%로 조금 더 높았다.

〈도표 2〉 **기호품이나 비처방약에 함유된 카페인 양**

약	함유량(mg)
졸음 방지제(졸음을 쫓음)	
아오크(50ml)	200
카페소프트(1회 1정)	93
에스타론모카(1회 1정)	100
토메루민(1회 3정)	500
진통제(진정제)	
엑세드린(1회 2정)	120
이브 A(1회 2정)	80
세데스큐어(1회 2정)	40
감기약	
파브론S골드(1회 3정)	25
펠렉스 과립(1회 1봉지, 1g)	60
파이론(1회 1봉지, 4g)	75

3 카페인은 뇌를 흥분시킨다

우리는 매일 400밀리그램의 카페인을 섭취한다는 내용을 설명하였다. 카페인은 우리 뇌에 어떤 영향을 미칠까?

먼저 비교적 소량인 200~300밀리그램 정도를 일상적으로 섭취하는 경우부터 살펴보자. 이는 커피의 경우 두세 잔에 해당한다.

소량의 카페인을 섭취하면 뇌의 이성을 활성화하는 부위인 대뇌피질이 흥분해서 졸음이나 피로감을 느낄 수 없게 되어 기분이 상쾌해지고 쾌활해지며 말이 많아지기 때문에 사교적인 성격이 된다. 또 집중력이 높아지므로 업무 속도가 빨라져 효율이 향상된다.

카페인에 내성이 적은 사람은 200밀리그램만 섭취해도 잠드는데 시간이 길어지거나 숙면을 하지 못하는 것이 확인되었다.

그러나 이 상태에 점점 익숙해지면 뇌는 흥분하기 어려워진다. 요컨대 뇌가 카페인에 내성이 생기는 것이다. 내성이 생겼을 때 같은 효과를 얻으려면 섭취량을 늘릴 수밖에 없다.

그래서 카페인 양을 하루 600그램(커피의 경우 6잔)으로 대폭 늘리면 어떻게 될까? 이 경우 뇌에 대한 자극이 굉장히 강해서 흥분도가 높아지고 불안이나 초조감과 같은 카페인 중독이 발생하기도 한다.

참고로 필자의 힘들었던 경험을 소개하겠다. 어느 날 한밤중에 침대에서 경련을 일으키고 잠을 깊이 자지 못하며 전보다 점심때 멍하게 있을 때가 많아졌다. 인지저하증에 걸렸을지도 모른다는 생각이

들어 짚이는 건 없는지 필사적으로 찾아보았다. 그때 떠오른 생각이 커피였다. 그즈음 필자는 매일 10잔이나 되는 커피를 마셨다.

그래서 커피를 하루 3잔으로 제한하고 오후 3시 이후에는 마시지 않았더니, 경련이 없어지고 다시 숙면을 취할 수 있었다.

4 대량 카페인의 영향

600밀리그램의 카페인을 섭취하면 신장 위에 있는 작은 장기인 부신을 자극함으로써 노르아드레날린과 아드레날린이 분비되어 뇌뿐만 아니라 온몸이 흥분한다. 이 때문에 항상 대량의 카페인을 섭취하는 사람의 기초대사는 그렇지 않은 사람보다 10% 정도 높다.

카페인에 살이 빠지는 효과가 있는 것 또한 높은 대사 때문이다.

또 카페인은 스포츠 선수의 능력을 향상하는 것으로도 알려져 있다. 이는 높아진 기초대사와 근육을 흥분시키는 효과에 의한 것으로 이해할 수 있다.

카페인은 위점막을 자극하여 위산을 분비시키기 때문에 위에 통증을 가한다. 또 심박수를 높여 심장에 부담을 주고, 신장을 자극하여 소변량을 늘리므로 화장실에 자주 가고 싶어진다. 이 때문에 카페인은 이뇨제로도 이용된다.

지속적으로 1,200~1,500밀리그램의 카페인을 섭취하면 노르아드레날린 분비량이 늘어서 불안하고 온몸이 떨린다. 또 그 반동으로 기분이 침체되기도 한다.

카페인에는 심각한 수준의 독성이 있는 것은 아니다. 경구 치사량은 10그램 정도로, 이 정도의 카페인을 섭취하려면 100잔이나 되는 커피를 마셔야 한다. 보통 하루에 이렇게 많이 마시지는 않기 때문에 커피 때문에 죽는 일은 거의 없다.

다만 미국에서 3,200밀리그램의 카페인을 정맥 주사로 투여하여 사망한 사례가 보고되었는데, 사인은 경련에 의한 호흡 마비였다.

5 아데노신은 흥분성 전달물질의 브레이크로 작용한다

카페인을 섭취하면 뇌가 흥분하여 수면을 방해한다는 사실은 고대 시대 때부터 알려져 있었지만, 1980년대 이후에야 그 구조가 밝혀졌다. 카페인의 수수께끼를 푸는 열쇠는 아데노신이라는 물질이 쥐고 있다.

아데노신은 우리의 유전을 담당하는 유전자 DNA(데옥시리보핵산)나 세포의 에너지 물질 ATP(아데노신3인산)를 만드는 부품으로, 흥분성 전달물질의 양을 컨트롤하거나 브레이크를 걸기도 한다. 아데노신은 생체 건강을 유지하기 위해 1인 3역을 해내는 중요한 물질이다.

아데노신이 흥분성 전달물질의 양을 컨트롤하고 브레이크를 거는 구조에 대해 살펴보자. 절전섬유의 작은 꾸러미 안에 흥분성 전달물질과 ATP가 들어 있다. 전기신호가 작은 꾸러미로 전달되면 작은 꾸러미는 흥분성 전달물질과 ATP를 분비한다. 분비된 흥분성 전달물질은 시냅스를 건너 절후섬유에 있는 수용체와 결합해 흥분성 신호를 전달한다.

신호의 세기는 절후섬유의 수용체와 결합하는 흥분성 전달물질의 양에 비례한다. 그리고 전달물질의 양은 절전섬유에서 분비되는 흥분성 전달물질의 양에 비례한다.

한편 흥분성 전달물질과 함께 분비된 ATP는 인산을 잃어 재빨리 아데노신으로 분해된다. 이 아데노신은 절전섬유에 있는 아데노신 수용체와 결합하고, '흥분성 전달물질이 충분히 있으니 생산을 억제하자'는 신호를 보낸다.

이 신호를 받은 신경세포는 흥분성 전달물질의 생산을 억제하여 분비량을 줄인다. 이것이 '음성 피드백'이라는 것은 자가 수용체 부분에서 설명하였다(p. 72 참조). 이러한 아데노신은 절전섬유에서 분비되는 흥분성 전달물질의 양을 조절하여 브레이크를 거는 것이다.

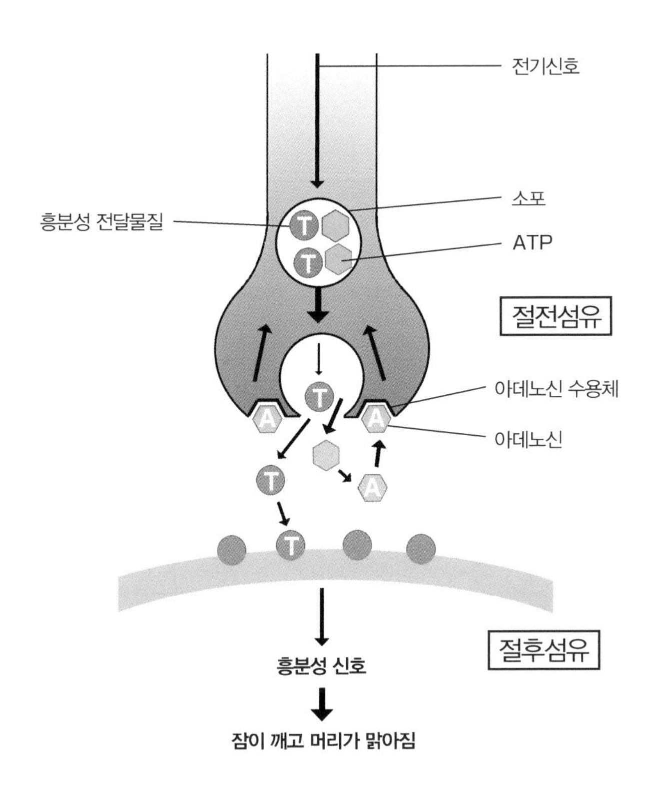

〈도표 3〉 아데노신에 의한 흥분성 전달물질 조절

6 카페인은 아데노신의 수용체를 빼앗는다

아데노신은 뇌의 흥분에 브레이크를 거는데, 이를 방해하는 것이 카페인이다. 그 구조에 대해 살펴보자.

아데노신과 카페인의 모습을 비교하면 똑같이 생겼다는 것을 알 수 있다. 이 때문에 카페인은 수용체를 둘러싸고 아데노신과 경쟁한다. 수용체와 결합하는 아데노신 수가 감소하여, '생산을 억제하자'는 신호가 약해진다. 그리고 약해지는 만큼 많은 흥분성 전달물질(노르아드레날린이나 도파민)이 분비되어 신경세포가 흥분한다.

우리가 커피를 마셔서 졸음을 쫓고 머리가 맑아지며 활기를 되찾을 때, 뇌에서는 카페인이 아데노신 수용체를 점령한다.

그런데 지속적으로 카페인을 섭취하다 보면 점점 효과가 떨어진다. 카페인에 내성이 생겨서 카페인이 있어도 신경세포는 그만큼 흥분하지 않게 되는 것이다.

내성은 일종의 익숙함으로, 신경세포가 새로운 환경에 적응하여 살아가는 생존 전략이다.

신경세포는 두 가지 경로로 카페인에 내성이 생긴다. 첫 번째는 아데노신의 수용체 수를 늘리는 것이다. 이렇게 아데노신의 수용체 수를 늘리면 카페인이 많아도 아데노신이 수용체와 결합할 기회가 많아져서 음성 피드백이 작동하여 흥분을 억제한다.

또 다른 한 가지는 전달물질을 받아들이는 수용체 수를 줄이는 것이다. 이로 인해 수용체와 결합하는 전달물질 수가 감소해 흥분성 신호가 약해진다.

약물이든 도박이든 강한 의존성은 남용에 의해 뇌의 측좌핵이라는 부위가 흥분하고 도파민이 분비되면서 생긴다는 것이 밝혀졌다. 그런데 카페인은 측좌핵을 흥분시키지 않는다는 것이 확인되면서 의존성이 강하지 않은 것으로 알려져 있다.

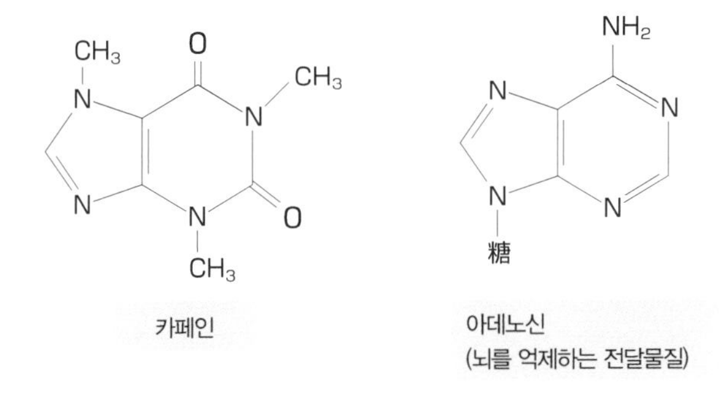

〈도표 4〉 카페인과 아데노신의 분자 구조는 비슷하다

프로스타글란딘

7 뇌에서 느끼는 통증

칼을 사용하다 실수로 손가락에 가벼운 상처를 입었다. 어쩌다 새 종이에 베이게 되었다. 주말에 목공 일을 하다 고목의 가시가 박혔다. 어떤 경우에나 우리는 '통증'을 느낀다. 제대로 조처하지 않으면 상처로 병원체가 침입하여 통증, 발열, 발적, 부기와 같은 염증이 생긴다.

통증, 발열, 발적, 부기는 각각 다른 증상이지만, 불쾌하다는 점에서는 같다고 할 수 있다. 그리고 공통점이 한 가지 더 있다. 바로 어떤 증상이든 프로스타글란딘이라는 물질과 관련되어 있다는 점이다.

예를 들어, 살이 베이거나 가시가 박히면 세포에 상처가 생긴다. 이때 세포 안에서 히스타민, 브래디키닌, 류코트리엔과 같은 '통증 물질'이 조직으로 분비된다. 통증 물질이 지각신경의 수용체와 결합하면 통증을 알리기 위해 신경신호를 내보낸다.

통증 신경신호는 척수를 이용해 뇌로 들어가고 중계 지점인 시상을 통과하여 대뇌피질에 도착한다. 여기에서 우리는 드디어 통증을 느끼게 된다.

손가락 상처의 통증은 손가락에서 느끼는 것이 아니라 어디까지나 뇌에서 느끼는 것이다. 손가락뿐만이 아니다. 몸의 어느 부분이든 상처를 입은 부분에서 통증을 느끼는 것이 아니라 그곳에서 보내는 신경신호가 뇌에 도달하여 우리는 비로소 통증을 느끼게 된다.

그럼 프로스타글란딘은 어떤 역할을 할까? 통증 물질이 지각신경의 수용체와 결합했을 때 통증의 신경신호가 발생한다는 것은 앞에서 설명하였다. 프로스타글란딘은 이 신경신호를 강화하는 역할을 한다.

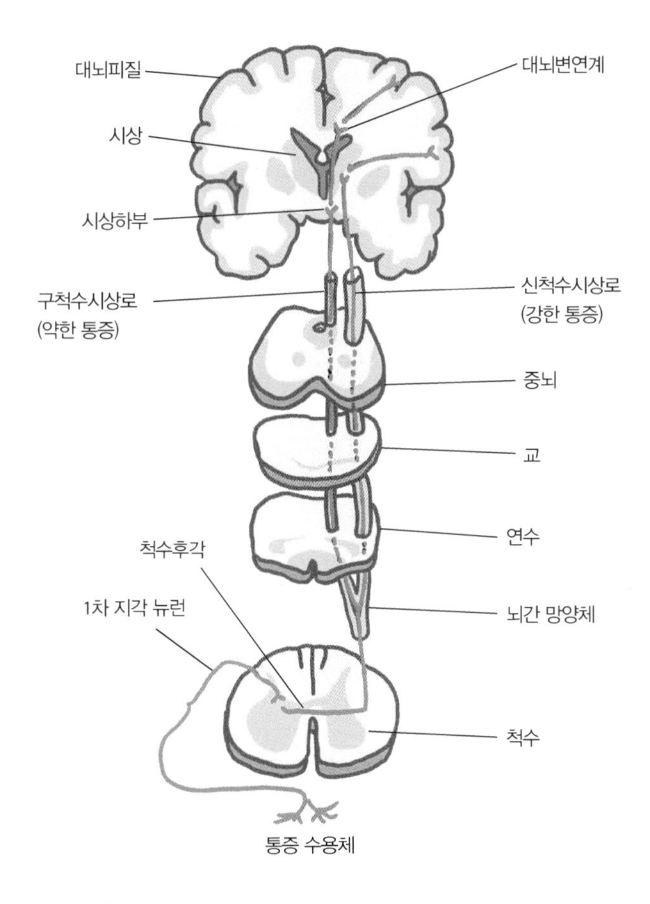

〈도표 5〉 **'통증'이 뇌로 전달되는 구조**

또 프로스타글란딘은 통증뿐만 아니라 발열 신경신호도 강화한다. 예를 들어, 병에 걸리면 열이 난다. 이는 프로스타글란딘이 시상하부의 체온조절중추에 작용하여 체온을 높게 설정하기 때문이다. 체온을 높게 설정하면 백혈구를 증산하면서 박테리아(세균)나 바이러스와 같은 병원체를 약화시킨다.

• 프로스타글란딘의 형태

프로스타글란딘의 분자 구조는 오각형의 두 꼭짓점에서 사슬 모양의 탄소로 된 수염이 한 가닥씩 늘어난 독특한 형태다.

프로스타글란딘은 근육 수축에서부터 월경에 이르기까지 다양한 생화학 반응과 관련된 역할을 한다. 프로스타글란딘은 매우 중요한 호르몬이지만, 세포가 장애나 강한 자극을 받았을 때만 분비된다는 점에서 인슐린 등 보통 호르몬과는 그 성격이 상당히 다르다.

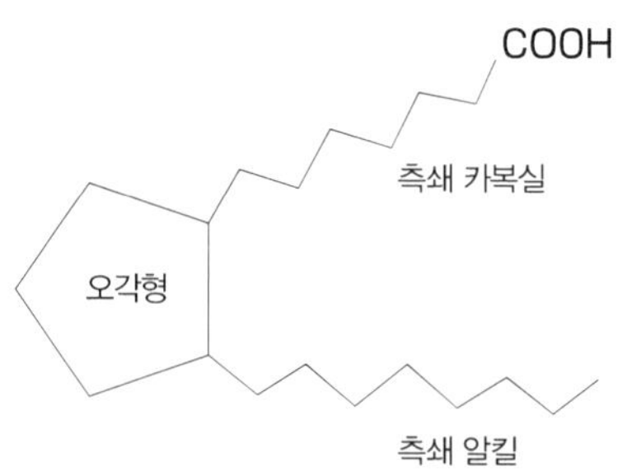

〈도표 6〉 **프로스타글란딘의 분자 구조**

8 왜 두통이 생기는 걸까

재미있는 사실은 뇌에는 통증 물질의 통증 수용체가 없다는 것이다. 이 때문에 뇌에서 출혈이나 염증이 생겨도 통증을 느끼지 못한다. 그렇다면 왜 두통이 생기는 걸까?

고민이나 곤란한 일이 생기면 머리가 아플 때가 있는데, 그 통증은 단순히 머리가 아프다는 비유일까? 꼭 그런 것은 아니다. 감기에 걸리면 확실히 머리 부분이 아프다.

뇌에는 통증 수용체는 없지만, 뇌 주변의 혈관이나 수막, 골막, 피부, 근육에는 통증 수용체가 있다. 이들 수용체가 자극받아서 발생한 통증의 신경신호가 시상에서 대뇌피질에 도달하여 두통이 발생하는 것이다.

한편 머리의 우측이나 좌측에 심한 통증이 생기는 것을 편두통이라고 한다. 편두통은 다음과 같은 이유로 생긴다. 먼저 뇌혈관이 확장하여 자극이 발생하면 통증 물질이 조직으로 분비된다. 이 통증 물질이 통증 수용체와 결합하면 통증의 신경신호가 발생하여 대뇌피질에 도달한다.

편두통은 통증이 심한 것으로 알려져 있는데, 이 증상은 카페인을 500밀리그램(커피 5잔 분량) 이상 섭취하면 완화된다. 그 이유는 편두통에 의해 확장된 혈관을 카페인이 수축시켜 원래대로 되돌리기 때문이다. 이처럼 편두통에는 카페인이 효과적이다.

9 프로스타글란딘은 경계경보 확성기

통증, 발열, 발적, 부기와 같은 염증은 누구에게나 불쾌하다. 그리고 이 불쾌함을 일으키는 신경신호를 프로스타글란딘이 강화한다. 굳이 불쾌함을 강화하는 물질이 존재하는 데에는 그만한 이유가 있다.

상처를 입거나 병에 걸렸다는 것은 몸에 위험이 닥쳤다는 것이다. 이 사실을 한시라도 빨리 사령탑인 뇌에 알려 대책을 세워야 한다. 즉, 통증과 같은 불쾌한 증상은 몸이 뇌로 보내는 경계경보다.

그런데 만약 뇌가 경계경보를 놓친다면 어떻게 될까? 무서운 일이지만, 인체에 위기가 닥쳤는데도 불구하고 온몸의 방위가 제대로 이루어지지 않아 사태가 더욱 심각해지는 것은 불 보듯 뻔하다. 그렇게 되지 않기 위해서는 경계경보 음량을 상당히 크게 해 놓아야 한다.

통증이나 발열의 신경신호 음량이 충분하지 않아 어쩌면 뇌가 이 신호를 놓칠 수도 있다. 이러한 위험 신호를 놓치지 않기 위해 프로스타글란딘이 신경신호의 음량을 확대하는 것이다.

이처럼 프로스타글란딘은 중요한 역할을 하기 때문에, 몸에 위기가 발생했을 때 어디에서나 즉시 만들 수 있어야 한다. 이 요구를 충족하기 위해 프로스타글란딘은 생체의 어디에서나 입수할 수 있는 물질을 원료로 하여 만들어진다. 인체의 모든 곳에 있는 것은 세포로, 이 구성 성분이라면 언제, 어디서든 즉시 입수할 수 있다. 즉, 프로스타글란딘은 세포막을 원료로 만들어진다.

프로스타글란딘이 필요한 사태가 발생했을 때 세포에서 막이 벗겨져 그 성분인 지방산이 조직으로 방출된다. 지방산은 포스폴리파아제 A2라는 효소에 의해 아라키돈산으로 모습을 바꾼다.

그리고 아라키돈산은 콕스(시클로옥시게나아제)라는 효소에 잡혀 프로스타글란딘으로 모델을 바꾼다. 이처럼 인체는 필요에 따라 세포막을 원료로 하여 언제 어디서든 즉시 프로스타글란딘을 생산하는 체제를 구축하고 있다.

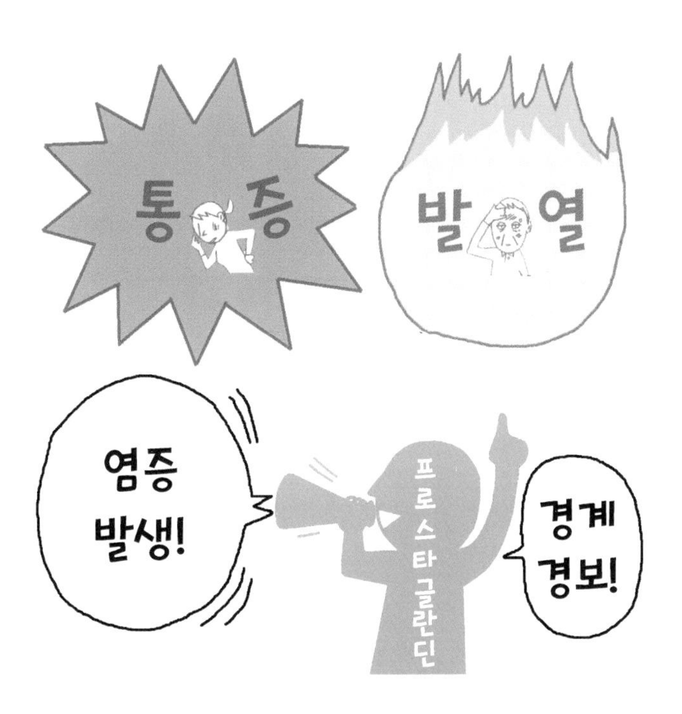

10 굉장히 유명한 약, 아스피린

뇌에서 물질의 균형이 무너지면 마음을 아프게 한다. 그리고 균형이 회복되면 마음의 병에서 회복할 수 있다. 병에 걸려 고통받는 것도, 병에서 회복하는 것도 그 열쇠를 쥐고 있는 것은 물질이다. 그렇다면 물질의 균형을 유지하면 된다고 생각하겠지만, 이것은 그리 쉬운 일이 아니다.

최근에서야 뇌에서 물질이 어떻게 흐르고, 어떻게 작동하는지 알게 되었기 때문이다. 이 내용을 알기 전까지는 어떻게 효과가 있는지 구조는 몰랐지만, 속는 셈 치고 복용했더니 신기하게도 효과가 있었다는 이유로 섭취해 온 물질도 굉장히 많다. 그중 하나가 아스피린으로, 통증을 억제하는 진통, 열을 내리는 해열, 즉 염증을 억제하는 항염증 효과가 있다.

덧붙여 말하자면 아스피린은 어디까지나 바이엘사가 등록한 상품명으로, 살리실산에 아세틸기라는 아세트산 단위가 부착된 물질이어서 일반명인 '아세틸살리실산'이라고 부르는 것이 올바르다. 그러나 아세틸살리실산이라고 하면 바로 알아차리는 사람이 많지 않을 것이다. 아스피린이 너무나 유명한 탓이다. 이러한 이유로 이 책에서는 아세틸살리실산을 아스피린이라고 부르겠다.

아스피린은 1897년에 탄생한, 탄생 100주년이 넘는 역사적인 약이다. 그런데도 아스피린이 프로스타글란딘의 생산을 억제하여 효과를 나타낸다는 것을 알게 된 것은 1970년대에 들어선 이후로, 판매를 시작한 지 75년이나 지난 시점이다.

현재 전 세계에서 매년 4만 톤의 아스피린이 생산되고 있으며, 매년 580억 개나 되는 아스피린이 다양한 제형으로 쓰인다. 미국인은 하루에 8천만 개, 연간 290억 개나 되는 아스피린을 복용하고 있다.

너무 많이 복용하는 것 같지만, 과학자들은 아스피린의 새로운 효과를 속속 발견하고 있어서 앞으로는 더 많이 복용할 것으로 보인다.

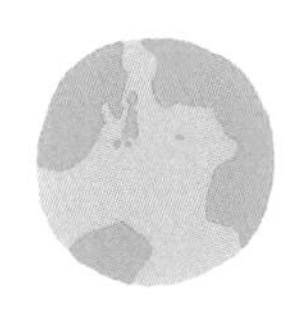

전 세계적으로 매년 4만 톤의

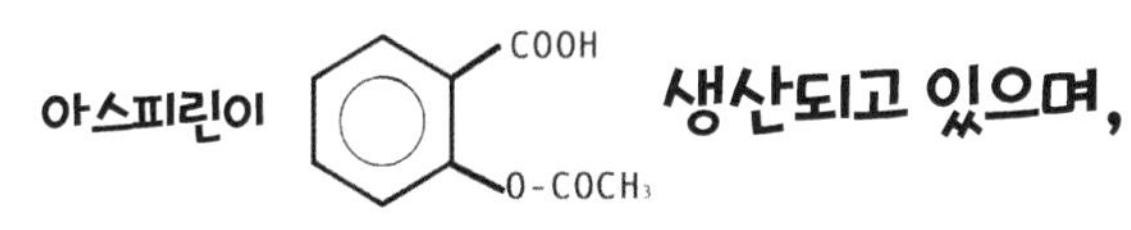

8,000만 개, 연간

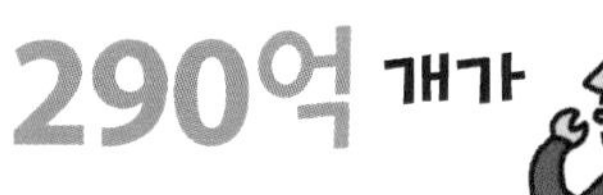

복용되고 있다.

11 버드나무 껍질의 비밀

통증에서 벗어나고 싶어 하는 것은 예나 지금이나 마찬가지다. 기원전부터 통풍과 같은 심한 통증을 억제하는 진통제로 이용된 것이 살리실산이라는 물질이다. 혈액에 요산이 너무 많아 관절에 염증이 생기는 병인 통풍은 통증이 심하다.

기원전 400년경 그리스인은 통풍의 통증이나 발열로 힘들어하는 환자에게 버드나무 껍질이나 잎을 달여서 마시게 하면 증상이 가벼워진다는 것을 경험적으로 알고 있었다.

버드나무 껍질이나 잎을 달인 즙에 통증을 가라앉히고 열을 내리는 비밀 물질이 들어 있다는 것은 상상할 수 있는데, 그것이 어떤 물질인지는 밝혀지지 않았었다.

그로부터 2200년이 지난 1838년, 드디어 버드나무의 껍질을 달인 즙에서 산성을 나타내는 비밀 물질을 채취하게 되었고, 이 비밀 물질에 이름을 붙여야 했다. 버드나무를 라틴어로 '살릭스'라고 한다. 그래서 이 물질을 '살리실산'이라고 부르게 되었다.

그로부터 약 20년이 지난 1859년, 살리실산은 대량 생산되어 진통제로 널리 쓰였다.

그러나 살리실산은 물에 잘 녹지 않아 그대로는 사용하기가 쉽지 않다. 편하게 사용하려면 물에 잘 용해(수용성을 높임)되도록 해야 한다. 그래서 수용성을 증가시키기 위해 살리실산을 나트륨염으로 한 '살리실산나트륨'을 만들었으며, 통풍이나 관절염에 의한 통증을 없애는 특효약으로 이용하게 되었다.

12 아스피린의 탄생

1890년대, 펠릭스 호프만이라는 화학자가 독일의 제약회사인 바이엘사에서 근무하였다. 화학자로서 연구소에서 하는 일은 순조로웠으며 급료도 좋았고 생활도 괜찮았는데, 한 가지 고민이 있었다. 그의 아버지가 중병인 류머티즘 관절염으로 고생 중이었기 때문이다.

살리실산은 관절염으로 인한 통증을 완화해 주었지만, 메스꺼움, 위염, 구토 증세와 같은 심각한 부작용을 동반했다. 부작용으로 고통받던 펠릭스의 아버지는, '이렇게 힘든 것이라면 차라리 관절염 통증이 더 나아'라고 말할 정도였다. 살리실산을 지속적으로 복용해서 발생하는 부작용은 그만큼 힘든 것이었다.

아버지가 힘들어하는 모습을 본 펠릭스는 살리실산에 대해 깊이 연구하였고, '살리실산에 진통 효과가 있으면서 부작용인 위염을 일으키지 않는 물질을 만들자'고 결심했다.

펠릭스는 살리실산에 다양한 물질을 부착하여 새로운 물질을 만들었다. 그리고 매일 이 물질들의 진통 효과와 부작용을 확인하는 실험을 반복하였다. 수년간 시행착오를 거듭하다 1897년, 살리실산에 아세트산(식초 원료) 단위인 아세틸기를 부착시킨 아세틸살리실산이라는 물질을 만들었다.

이 물질을 복용한 아버지는 관절염으로 인한 심한 통증에서 해방되어 크게 기뻐하였다. 그뿐만 아니라 걱정했던 위염이나 메스꺼움과 같은 부작용은 전혀 나타나지 않았다! 엄청난 진통 물질이 탄생한 것이다.

바이엘사는 곧바로 아세틸살리실산의 임상 실험을 실시하였고, 특허를 취득하여 '아스피린'이라는 상품명으로 1899년에 판매를 시작하였다. 그로부터 100년 넘게 지난 오늘날까지 아스피린은 비처방약의 왕좌를 지키고 있다.

아스피린에는 진통 효과뿐만 아니라 해열 효과(항염증 작용)도 있다고 밝혀져 일상생활에 없어서는 안 되는 약이 되었는데, 어떻게 효과가 있는 것인지 그 구조는 여전히 수수께끼인 상태다.

$COOH$

OH

수산기

살리실산

$COOH$

$O-COOH_3$

아세틸기

아스피린

〈도표 7〉 살리실산의 수산기를 아세틸기로 대체한 아스피린(아세틸살리실산)

13 만능 약 아스피린

아스피린과 관련하여 지금까지 약 3만 건의 논문이 발표되었다. 그리고 연간 500건의 논문이 추가되고 있다. 단순하면서도 오래전부터 알려진 물질에 대해 대체 왜 이렇게 많은 논문을 쓰는 것일까?

그 이유는 최근 아스피린에 심장 발작이나 결장암, 백내장, 뇌내출혈, 알츠하이머병 예방부터 편두통이나 조산, 폐 염증 억제까지 상당히 광범위하게 효과가 있다는 것이 밝혀져 연구가 폭발적으로 진행되고 있기 때문이다. 반복적으로 임상 실험도 실시하고 있어 곧 치료 현장에서 이용될 것으로 기대 중이다.

존스홉킨스대학의 폴 리트먼은 "이 단순한 약물을 어디까지 응용할 수 있을지 생각하면 심장이 튀어나올 정도입니다. 매년 새로운 응용 사례가 나오고 있으니까요"라고 흥분하며 말하였다.

그럼 아스피린의 다양한 효능에 대해 살펴보자.

아스피린이 심장 발작을 예방한다는 것은 꾸준한 연구 성과 덕분에 알게 된 사실이다. 1948년, 캘리포니아주의 가정의 로렌스 크라벤이 남성 400명을 대상으로 한 임상 실험에서 아스피린을 복용하는 남성은 심장병에 잘 걸리지 않는다는 것을 처음 확인하였으며, 아스피린이 심장을 보호하는 작용을 한다고 주장하였다.

그의 주장으로부터 30년이 지난 1980년, FDA(미국식품의약국)가 협심증 환자의 심장 발작 예방에 대한 아스피린의 효능을 인정하였다.

그 효과는 아스피린이 프로스타글란딘 생산을 방해하여, 프로스타글란딘으로부터 생성되는 트롬복산(혈소판을 응집시켜 혈액 응고를 유발하는 물질)의 생산이 억제되기 때문으로 추측할 수 있다.

또 아스피린에 알츠하이머병을 예방하는 효과가 있다는 것도 확인되었다. 예를 들면, 볼티모어노화연구소는 1,700명을 대상으로 한 조사에서 아스피린이나 비스테로이드성 항염증제를 복용한 사람은 아세트아미노펜을 복용한 사람보다 알츠하이머병에 잘 걸리지 않는다고 보고하였다.

또 존스홉킨스대학의 알츠하이머병 연구소는 매일 아스피린을 복용하는 노인은 그렇지 않은 노인보다 말하기, 듣기, 공간이나 방향 인지 검사에서 좋은 성적을 거두었다고 보고하였다.

다만 왜 효과가 있는지, 그 구조에 대해서는 아직 밝혀진 바가 없다.

14 아스피린의 부작용

그러나 이렇게 대단한 약에도 어두운 면은 있다. 대량으로 섭취하면 식욕부진, 구토 증세, 위점막 출혈이 일어나기 때문이다.

15세 이하의 어린이가 복용하면 라이증후군을 일으킬 위험도 있다.

라이증후군의 원인은 밝혀지지 않았지만, 인플루엔자나 수두 감염으로 구토, 의식장애, 간 장애를 일으키며 사망률이 높다. 어린이가 열을 내리기 위해 아스피린을 복용하였을 때 자주 발생한다는 것이 미국의학회에 의해 확인되었다.

아스피린을 남용했을 때

이에 미국에서는 15세 이하 어린이의 아스피린 복용이 금지되었으며, 대신 아세트아미노펜 복용을 권장하고 있다.

이러한 이유로 일본의 후생성에서도 1998년 말, 약국에서 구입할 수 있는 아스피린 계열 감기약에 '15세 미만 어린이의 복용은 권장하지 않습니다'라는 사용상 주의 사항을 기재하도록 지시하였다(역자 주: 한국의 약학정보원 의약품 상세 정보에도 15세 미만의 소아에게는 아스피린을 신중히 투여해야 한다고 나와 있다).

한편 아스피린의 남용도 문제가 되고 있다. 불과 20%의 사람이 아스피린 전체 소비량의 80%를 차지하고 있다는 것이다.

아스피린 이용자 중 2~4%의 사람들이 남용에 의한 부작용으로 고통받고 있다. 또 미국의 조사에서는 1~2%의 이용자가 심각한 출혈로 고생한 경험이 있다고 보고하였다. 아스피린처럼 뛰어난 약이라 하더라도 남용해서는 안 된다.

15 프로스타글란딘의 생산을 억제하다

아스피린은 이처럼 광범위하게 이용되는데, 왜 효과가 있는지는 오랫동안 밝혀지지 않은 수수께끼 상태였다.

그러다 1970년대 영국의 약리학자 존 베인이 아스피린은 프로스타글란딘의 생산을 억제하여 효과가 나타난다는 것을 규명하였다. 아스피린의 첫 판매로부터 70년 이상 경과한 후의 일이었다.

그럼 어떻게 아스피린이 프로스타글란딘의 생산을 억제하는 것일까? 몸에 자극이 가해지면 세포막에서 나온 지방산이 아라키돈산으로 변환된다. 그리고 아라키돈산은 콕스에 붙잡혀 프로스타글란딘으로 모델이 변경된다.

그런데 아스피린은 콕스와 결합하여 자체적으로 갖고 있는 아세틸기(아세트산 단위)를 콕스에 부여한다. 그러면 콕스는 아세틸기로 인해 아라키돈산을 잡을 수 없게 되고, 아라키돈산은 프로스타글란딘으로 모델이 변경되지 않는다. 이렇게 아스피린은 프로스타글란딘의 생산을 저해하여 발열을 억제하고, 통증을 완화하며, 혈액응고를 방지하는 효과를 낳는 것이다.

다만 아스피린은 이들 증상을 억제할 수는 있어도, 원인이 되는 병 자체는 치료하지 못한다.

1982년 베인은 스웨덴의 수네 베리스트룀, 벵트 사무엘손과 함께 '프로스타글란딘의 생리활성에 관한 연구'의 공적을 인정받아 노벨 생리의학상을 수상하였다.

프로스타글란딘의 생산을 억제하는 물질에는 아스피린 이외에 에텐자미드, 페나세틴, 아세트아미노펜이 있다. 어느 물질이든 콕스를 방해하여 뛰어난 해열 · 진통 효과를 발휘한다.

다만 콕스의 억제 방법은 물질에 따라 차이를 보인다. 아스피린은 콕스에 아세틸기를 부착한다(아세틸화함). 한편 에텐자미드, 페나세틴, 아세트아미노펜은 콕스를 아세틸화하는 것이 아니라 스스로 콕스와 결합하여 콕스에 일을 부여하지 않는다.

이들 물질의 그림을 보며 설명하겠다.

페나세틴은 거북 머리에 아세틸아미노기($-NHCOCH_3$), 꼬리에 에톡시기($-OC_2H_5$)가 부착되어 있으며, 진통제나 해열제로 이용된다. 페나세틴은 이 상태로는 효과가 없다. 하지만 복용한 후에 꼬리의 에톡시기(-OC_2H_5)가 수산기(-OH)로 변환하면서 생성되는 아세트아미노펜이 효과가 있다.

그렇다면 아세트아미노펜을 복용하면 페나세틴보다 속효성이 있을 것이다. 실제로 그러했으며, 미국에서 감기약 중 베스트셀러는 타이레놀이지만, 그 유효성분은 아세트아미노펜이다.

또 에텐자미드는 살리실산의 카복실기(-COOH)를 산아미드(-$CONH_2$)로, 그리고 수산기를 에톡시기(-OC_2H_5)로 변환한 것이다. 모든 물질이 비슷해서 콕스와 결합한다는 것을 알 수 있다.

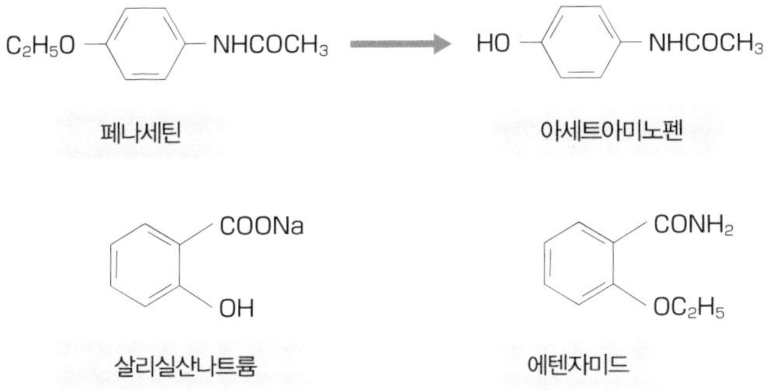

C_2H_5O — NHCOCH_3 → HO — NHCOCH_3

페나세틴 아세트아미노펜

COONa OH CONH_2 OC_2H_5

살리실산나트륨 에텐자미드

〈도표 8〉 **콕스와 결합하여 프로스타글란딘의 생산을 억제하는 해열제, 진통제의 분자 구조**

비처방약에 함유된 물질

16 감기약

감기 증상은 발열이나 통증, 기침, 비염 등 다양하며, 이들 증상에 대처하기 위해 감기약에는 실로 다양한 물질이 들어 있다.

발열이나 통증을 억제하기 위한 물질에는 아스피린, 아세트아미노펜, 에텐자미드 외에 이부프로펜이나 이소프로필안티피린이 있다.

기침을 멈추고, 가래를 제거하기 위해서는 노스카핀, 메틸에페드린, 디히드로코데인, 덱스트로메토르판이 사용된다. 노스카핀은 아편 알칼로이드의 일종이지만, 습관성이나 마약성은 없다.

또 감기에 의한 자극(알레르기 반응 포함)으로 콧물, 재채기, 비염 증상이 나타난다. 이들 증상은 인체에 외부의 적이 침입하는지를 감시하는 마스트 세포가 자극받아 히스타민이 분비되어 나타난다. 그렇기 때문에 증상을 억제하려면 히스타민의 분비를 멈추어야 한다. 그래서 감기약에는 히스타민의 분비를 억제하는 물질(항히스타민제)도 함유되어 있는 것이다. 항히스타민제에는 디펜히드라민, 말레산 클로르페니라민, 말레산 카르비녹사민 등이 있다.

히스타민은 뇌 전체에서 전달물질로 작용하기 때문에, 모든 항히스타민제에 뇌의 흥분을 억제하여 잠이 오게 하는 효과가 있다. 감기약 성분으로 괜찮다고 할 수 있는 이유는 잘 자고 체력도 회복되며 면역력이 높아져서 감기 바이러스를 물리쳐 주기 때문이다.

다만 자동차 운전을 하거나 높은 곳에서 일할 때는 항히스타민제를 복용하면 안 된다. 특히 재채기나 콧물을 억제하는 데 효과적인 말레산 카르비녹사민은 항히스타민제 중에서도 졸음을 유발하는 가장 강력한 물질이라는 것을 기억해 두자. 각 물질의 특징을 제대로 이해하고 현명하게 이용할 필요가 있다.

17 페닐프로판올아민

감기약에 페닐프로판올아민(PPA)이라는 물질이 포함된 것을 종종 확인할 수 있다. PPA는 천식이나 코막힘에도 효과적이다.

PPA의 분자 구조는 에페드린과 매우 비슷하다. 에페드린은 기침에 효과가 있는 한방 재료 마황의 유효성분으로, 일본의 약학 창시자인 나가이 나가요시가 전 세계에서 처음 발표한 물질이다.

예전부터 천식 치료에 이용된 마황을 단계적으로 순수하게 한 결과 왁스와 같은 고체 상태가 되었다. 이것이 에페드린이다. 실제로 에페드린을 복용한 천식 환자의 증상은 상당히 개선되었다. 그리하여 한방약과 서양 의학에 다리가 놓였다.

에페드린은 열렬한 환영을 받았지만, 미국에서는 한방약 마황을 입수하기 어렵다는 단점이 있었다. 그렇다면 에페드린을 대체할 수 있는 물질을 만들어야 한다. 이러한 목적으로 PPA나 암페타민, 메스암페타민을 만들게 되었다.

에페드린, PPA, 암페타민(통칭 스피드), 메스암페타민(상품명 필로폰)은 자가 수용체, 재흡수 수용체, MAO와 결합하고, 이들 작용을 억제해 뇌를 온화하게 흥분시킨다. 모두 이성을 작동시키는 대뇌피질에 영향을 미친다. 여기에 착안한 청년들이 이들 물질을 남용하는 사건이 다수 발생하였다.

이 때문에 1985년 FDA는 카페인, 에페드린, PPA 중 두 물질을 성분으로 함유한 약은 비처방약으로 판매하는 것을 금지하였다.

에페드린
(마황 성분)

페닐프로판올아민
(PPA)

R:H 암페타민(스피드)
R:CH3 메스암페타민(필로폰)

〈도표 9〉 **PPA는 에페드린과 매우 비슷하다**

18 식욕을 억제하는 다이어트약

미국인 세 명 중 두 명은 비만이다. 비만은 '반드시'라고 해도 좋을 만큼 당뇨병을 유발한다. 당뇨병에 걸리면 고혈압, 심장병, 발기부전, 알츠하이머병 등 만병이 발병한다.

비만을 피하기 위해서는 열량을 과잉 섭취하지 않아야 한다. 그러려면 과식하지 않으면 된다. 그러나 말은 이렇게 해도, 먹고 싶은데 먹지 않는 것만큼 어려운 일도 없다. 그렇다면 식욕을 억제해야 한다. '말하기는 쉬우나 행하기는 어렵다'가 바로 이럴 때 쓰는 말이다. 자신의 의지로 식욕을 억제하는 것이 어렵다면, 물질의 힘을 빌려 식욕을 억제해야 한다. 그래서 등장한 것이 '다이어트약'이다.

식욕을 억제하는 다이어트약으로는 에페드린이나 PPA보다 암페타민과 메스암페타민이 효과적인데, 둘 다 각성제라서 쉽게 구입할 수도 사용할 수도 없다.

각성제란 각성 작용이 있는 약제 중 상용하면 습관성이 생겨 정신적으로 의존하게 되고 쉽게 중독되는 것을 말한다. 일본에서 각성제로 지정된 것은 암페타민과 메스암페타민뿐이지만, 법률적으로 사용을 엄격히 규제하고 있다. 이 때문에 다이어트약으로는 각성제로 지정되어 있지 않은 PPA를 하루에 75밀리그램 복용할 것을 권장하고 있다.

그렇지만 PPA에도 우려할 만한 물질이 들어 있다. PPA는 교감신경을 흥분시키기 때문에 혈압이 조금 상승한다.

그래서 한 번에 75밀리그램을 전부 복용하는 것이 아니라 25밀리그램씩 세 번, 37.5밀리그램씩 두 번에 나눠서 복용해야 한다. 또는 유효성분이 한 번에 분비되는 것이 아니라 천천히 분비되도록 고안된 캡슐이나 알약을 복용해야 한다.

19 베스트셀러가 된 다이어트약

일찍이 미국의 통통한 사람들에게 큰 인기를 얻었던 것이 '펜펜'이다. 이것은 판다 이름이 아니다(역자 주: 미국 애니메이션 〈We Bare Bears〉에 나오는 판다를 판다 친구들이 '펜펜'이라고 부름). 베스트셀러가 된 다이어트약 이름이다.

두 가지 물질을 조합한 '펜펜'이나 '리덕스'가 다이어트약으로 엄청나게 팔렸다. 참고로 1996년 미국에서 펜펜은 180만 건이 넘게 처방되었다.

'펜펜(fen-phen)'의 fen은 펜플루라민(fenfluramine), phen은 펜터민(phentermine)의 약자다. 한편 '리덕스'의 유효성분은 덱스펜플루라민(dexfenfluramine)이라는 물질이다.

펜플루라민은 뇌에서 세로토닌의 활동을 높여 포만감을 부여한다. 펜터민은 뇌를 흥분시키는 물질로, 노르아드레날린의 활동을 높여 식욕을 억제한다. 펜펜은 포만감과 긴장감 이 두 가지 효과에 의해 식욕을 억제하여, 베스트셀러가 됐다고 이해할 수 있다.

그런데 1997년 7월, 펜펜과 리덕스는 사용이 금지되어 시장에서 모습을 감추었다.

그 이유는 복용자의 약 30%에서 심장 밸브에 이상이 생긴 것이 확인되었기 때문이다. 방치하면 심장이 약해지고 죽음에 이를 수도 있다.

현재 식욕을 억제하는 물질로는 33개의 아미노산으로 이루어진 펩티드의 콜레키스토키닌이 주목받고 있다. 콜레키스토키닌을 동물의 뇌에 직접 주입하면, 식욕이 억제되어 먹이 섭취량이 줄어든다는 것이 확인되었기 때문이다. 그렇다면 콜레키스토키닌을 복용하면 식욕이 저하되느냐 하면 그렇지는 않다. 그 이유는 콜레키스토키닌은 장관에 존재하는 효소에 의해 재빨리 아미노산으로 분해되기 때문이다.

비만 억제가 목적인 다이어트약에 대한 수요가 높아서 이 분야의 연구가 활발히 진행되고 있지만, 식욕을 억제하는 효과가 크고 부작용이 적은 물질은 아직 발견하지 못하였다. 앞으로 진행되는 연구에 기대를 걸어 보자.

20 덱스트로메토르판

덱스트로메토르판이라는 물질은 주로 기침을 멈추는 성분으로 사용된다. 기침을 효과적으로 멈추는 물질은 코데인이나 디히드로코데인으로, 연수의 기침 중추를 억제하여 기침의 반사 경로를 멈춘다. 그러나 두 물질 모두 마약으로 지정되어 있어서 가능한 한 사용하지 않는 것이 좋다.

마약이란 습관성이 강하며 반복 복용 시 만성 중독과 금단현상을 일으키는 약물이다. 마약으로 지정된 약물의 대부분은 국제적으로 상거래가 엄격히 규제되고 있다.

코데인의 친척인 디히드로코데인은 마약으로 지정되었지만, 습관성이 없어서 빈번히 사용 중이다. 다만 100배 묽게 만든 것도 극약으로 지정되어 있다. 기침을 멈추는 약을 한 번에 복용하여, 이른바 '변비'에 걸려 죽음에 이른 사람도 있다.

그래서 더욱 안전한 기침약으로 만들어진 것이 덱스트로메토르판이다. 이 물질은 진통 효과는 없지만, 기침을 멈추는 효과가 코데인에 필적할 만한 수준이다. 게다가 습관성이나 의존성이 없고 금단현상도 일으키지 않는다. 이에 미국이나 일본에서는 50종 이상의 비처방약에 함유되어 있다.

그런데 미국의 고등학생과 대학생 사이에서 로비투신(상품명)이나 기침 시럽과 같은 비처방약을 한 번에 복용하여 기분을 좋게 하는 '약 놀이'가 유행한 적이 있다. 환각이나 환청 증세가 나타나고 마치 하늘을 날고 무지개 위에 걸쳐 있는 듯한 기분이 된다는 것이다. 또 경우에 따라서는 경련을 일으키기도 한다. 이렇게 비정상적인 정신 상태는 5~6시간 지속된다.

로비투신이나 기침 시럽에는 약 75밀리그램의 덱스트로메토르판과 15밀리리터 정도의 알코올이 함유되어 있는데, 기분이 좋아진 원인은 물론 이 정도의 알코올 때문이 아니다. 약 75밀리그램 함유된 덱스트로메토르판 때문이다.

덱스트로메토르판은 앞에서 설명한 에페드린, 암페타민, 메스암페타민, PPA와 마찬가지로 '거북-C-C-N' 결합을 이루어 대뇌피질을 흥분시킨다.

덱스트로메토르판을 주 2회 이상 남용하는 사람도 빈번하게 발생하자, 1995년경부터 미국에서는 심각한 사회문제가 되었다. 이에 많은 약국에서는 덱스트로메토르판을 함유한 비처방약을 카운터 뒤에 비치해, 구매를 희망하는 사람만 약사로부터 설명을 듣고 사도록 하였다.

북유럽 스웨덴에서도 비처방약인 기침약을 한 번에 복용하는 약놀이가 유행했지만, 스웨덴에서는 1986년 덱스트로메토르판을 비처방약으로 사용하는 것을 금지하였다. 이 강경책이 주효해서 덱스트로메토르판 때문에 발생한 사고의 사망자 수는 급격히 감소했다.

멜라토닌

21 어둠의 호르몬

마치 신데렐라 이야기 같다. 1995년 8월 7일 자 뉴스위크가 '멜라토닌' 특집을 발행한 것이 계기가 되어 하룻밤 사이에 미국 전역에서 멜라토닌 열풍이 불었다.

기사에는 멜라토닌이 수면, 시차병, 스트레스, 암, 심장병을 예방하고, 면역을 높여 주며 활성산소를 분해하는 강력한 항산화물질이라는 기대를 담은 내용이 실려 있었다. 기사를 읽은 사람들은 멜라토닌을 어디에나 효과가 있는 '마법의 물질'로 착각하여, 건강식품 판매점으로 몰려가는 소동을 피웠다.

인체에서 멜라토닌은 트립토판에서 세로토닌을 경유하여 생성되며, 뇌에 있는 송과체(솔방울샘)라는 솔방울과 비슷한 모양의 기관에서 분비되는 호르몬이다. 송과체 위치는 동물에 따라 다르지만, 파충류나 조류는 피부 바로 아래에 있으며 제3의 눈이라고도 한다.

이렇게 불리는 이유는 송과체가 빛에 민감하기 때문인데, 다만 두 눈과 달리 물체를 보는 것과는 아무런 관련이 없다. 사람의 송과체는 옥수수 한 알 정도의 크기로, 뇌의 거의 한가운데에 있다.

멜라토닌은 밤에 분비되며, 밝은 낮에는 분비되지 않는다. 멜라토닌 수준은 새벽 3~4시에 정점에 달하기 때문에 '어둠의 호르몬'이라는 닉네임이 붙게 되었다.

멜라토닌 수준이 높아지면 체온이 낮아져 쉽게 잠들게 된다. 즉, 멜라토닌은 아침에 잠에서 깨고 밤에 잠드는 하루 주기(개일 주기),

이른바 체내 시계를 컨트롤하는 중요한 호르몬이다.

그럼 송과체가 사람이나 동물의 하루 리듬을 결정하는 것일까? 거북, 악어와 같은 파충류나 닭, 비둘기, 매와 같은 조류에게는 이 말이 적용된다. 파충류나 조류는 피부 바로 아래에 있는 송과체가 피부를 통과한 빛에 자극되어 멜라토닌을 생산해 하루 리듬을 만든다.

그러나 사람의 하루 리듬은 송과체가 아니라 시교차상핵이 결정한다. 시교차상핵은 익숙하지 않은 이름인데, 시상하부의 내부에 있으며 시신경이 교차하는 곳 위에 있어서 이렇게 부른다. 사람의 송과체는 뇌 깊숙이 보관되어 있어서 빛이 닿지 않는다.

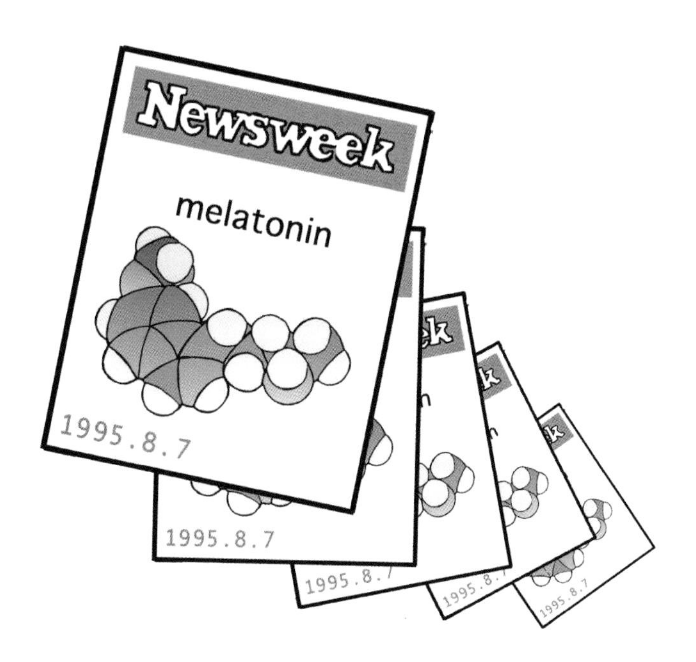

22 멜라토닌 vs 세로토닌

그럼 시상하부에 있는 시교차상핵은 어떻게 체내 시계를 컨트롤하는 것일까?

주변이 어두우면 빛 신호는 눈에 들어오지 않는다. 이때 시교차상핵은 송과체에 멜라토닌을 만들게 할 뿐만 아니라 혈액으로 분비하는 타이밍도 알려 준다. 이렇게 분비된 멜라토닌은 시교차상핵으로 돌아와 그곳에 다량 존재하는 멜라토닌 수용체와 결합한다. 이로써 체온이 내려가 잠이 오는 것이다.

한편 주변이 밝아지면 빛 신호는 눈으로 들어가 시교차상핵으로 전달된다. 그리고 시교차상핵은 송과체에 명령을 내려 멜라토닌의 생산을 중지시키면서 세로토닌을 생산한다. 세로토닌 수준이 높아지면 잠에서 깨어 기분이 좋아진다.

사람이 밝은 낮에 활동적이고 밤에 활동이 저하되어 졸리는 이유는 빛, 즉 태양의 빛에 의해 컨트롤되고 있기 때문이다.

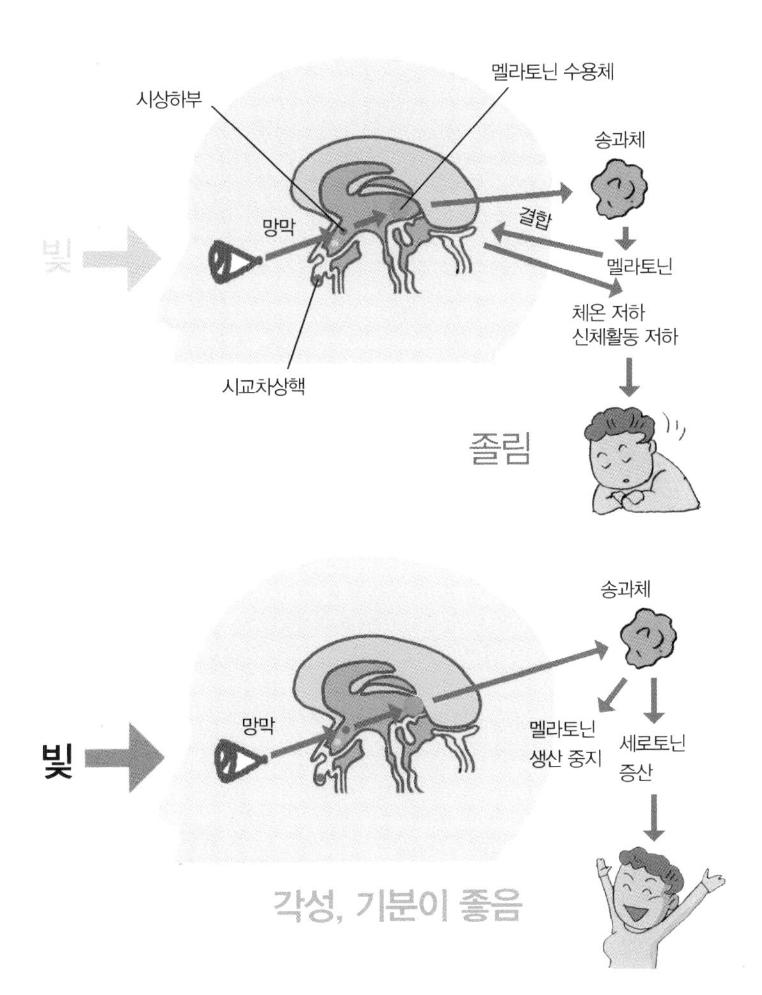

〈도표 10〉 **시교차상핵은 멜라토닌과 세로토닌의 합성으로 생물 시계를 컨트롤한다**

23 멜라토닌은 트립토판으로 만들어진다

멜라토닌은 멜라닌이라는 물질과 발음이 비슷하다는 것을 눈치챘을 것이다. 멜라닌은 피부를 검게 하는 색소로, 뇌하수체에서 분비되는 멜라닌 세포 자극 호르몬을 받아들인 세포에 의해 만들어진다.

피부를 검게 하는 호르몬이 있다면 분명 하얗게 하는 호르몬도 있을 것이라고 생각하여 연구를 이어 가던 예일대학의 아론 러너는, 1953년에 개구리의 피부를 하얗게 하는 물질을 발견하였다.

이 물질에 어떤 이름을 붙일까? 러너는 이 물질이 멜라닌 색소의 양을 바꾼다고 하여 '멜라', 그리고 세로토닌에 의해 만들어진다고 하여 '토닌', 이 두 단어를 붙여서 '멜라토닌'이라는 이름을 붙였다. 멜라토닌이라는 이름은 백색 효과에서 유래한 것이다. 그러나 안타깝게도 사람의 피부를 하얗게 하는 효과는 없는 것 같다. 멜라토닌 효과에서 더 중요한 것은 수면이나 항우울증에 대한 효과다.

이쯤에서 멜라토닌의 모양을 알아 두었으면 한다. 멜라토닌, 세로토닌, 트립토판의 모양과 합성 경로 그림을 살펴보자.

멜라토닌은 세로토닌이나 필수아미노산인 트립토판과 모양이 매우 비슷하다는 것을 알 수 있다. 그도 그럴 것이 멜라토닌은 음식으로 섭취된 트립토판이 세로토닌을 경유하여 모델 변경된 것이다.

즉, 트립토판에 몇 가지 효소가 작용하여 산소가 부착되거나(산화) 이산화탄소가 제거되어 세로토닌이 생성된다. 세로토닌은 뇌를 각성시켜 기분을 좋게 하는 전달물질이다.

그리고 세로토닌에 다른 효소가 작용함으로써 아세틸기와 메탄 단위인 메틸기(-CH_3)가 부착되어 멜라토닌이 생성된다.

멜라토닌, 세로토닌, 트립토판의 공통점은 줄지어 늘어서 있는 '거북-C-C-N' 결합이 인돌고리(p. 53~54 참조)라는 큰 거북 옆에 있다는 것이다.

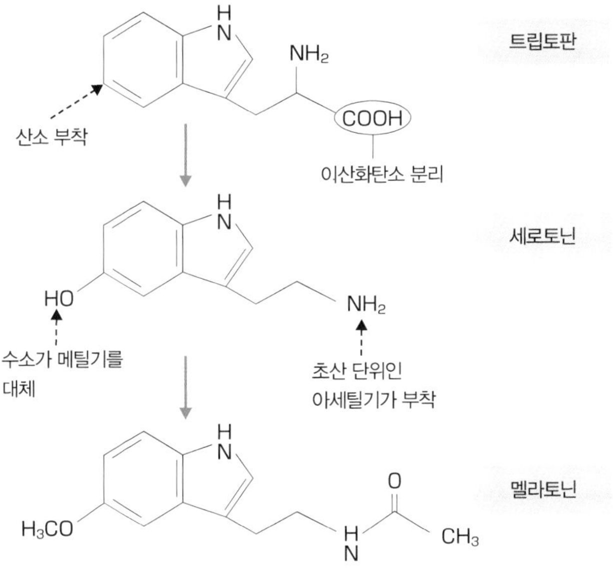

트립토판

H N

NH_2

COOH

산소 부착

이산화탄소 분리

세로토닌

H N

HO

NH_2

수소가 메틸기를 대체

초산 단위인 아세틸기가 부착

멜라토닌

H N

O

H_3CO

H N

CH_3

〈도표 11〉 **멜라토닌은 세로토닌이나 트립토판과 매우 비슷하다**

24 잠을 잘 오게 하고 낮잠의 질을 높인다

송과체에서 생성되어 혈액으로 분비된 멜라토닌은 시교차상핵에 다량 존재하는 멜라토닌 수용체와 결합함으로써 체온을 내려 졸리게 한다는 것이 확인되었다.

한밤중에 일을 하는 사람이나 불규칙한 생활을 하는 사람은 잠이 잘 오지 않거나 수면이 얕아지는 등의 수면장애로 힘들어하는 경우가 많다.

일본인 다섯 명 중 한 명이 불면증 증상을 호소한다고 한다. 밤에는 체온을 낮춰 잠들게 해야 하는 멜라토닌이 어떻게 된 것일까? 실은 비록 밤이라 하더라도 빛이 눈에 들어가면 멜라토닌이 분비되지 않는다. 이것이 수면장애의 원인 중 하나다.

수면장애를 치료하기 위해서는 아침에 햇볕을 쬐고 자기 전에는 최대한 빛에 노출되지 않아야 한다. 그리고 멜라토닌 부족을 보충하기 위해 취침 전에 멜라토닌을 복용하는 방법도 제시되고 있다.

이 분야의 치료는 오리건 위생대학의 수면과기분장애연구소가 유명한데, 소장인 로버트 색은 멜라토닌에 극적인 최면 효과가 있다는 내용을 보고하였다.

수면장애가 없는 대학생 등 건강한 청년을 대상으로 낮잠 직전에 멜라토닌을 복용하게 한 결과, 침대에 누워 잠들기까지의 시간이 단축되었을 뿐만 아니라 수면 시간도 길어졌다. 이로써 멜라토닌이 잠을 잘 오게 하고 낮잠의 질을 높이는 효과가 있다는 것을 알 수 있다.

아침에 일어날 때부터 수면 욕구가 조금씩 높아져 축적된 것이 취침 직전에 최대치가 되어 잠든다. 뇌에서 수면을 유도하는 물질(수면 물질)이 만들어질 것이라고 생각하는데, 이는 아직 확인되지 않은 내용이다. 수면 욕구가 있는데도 우리가 낮에 자지 않는 이유는 시교차 상핵이 잠에서 깨는 신호를 끊임없이 보내기 때문이다.

그러나 잠에서 깨는 신호는 밤이 깊어질수록 급격히 떨어지기 때문에 축적된 수면 욕구가 효과적으로 작용하여 잠들게 된다. 이때 잠에서 깨는 신호는 휴식 상태다. 그리고 하룻밤 동안의 수면에 의해 수면 욕구는 소실된다.

멜라토닌에는 잠에서 깨는 신호를 억제하는 효과가 있다. 이 때문에 멜라토닌을 취침 직전에 복용하면 낮이든 밤이든 잠을 잘 자게 된다고 이해할 수 있다.

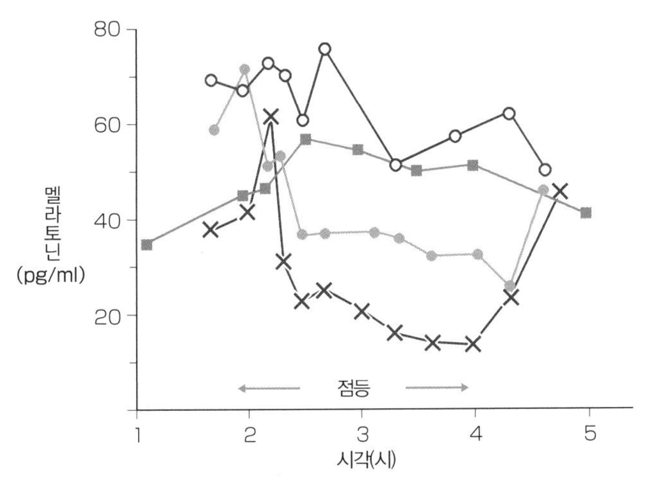

(○)는 500, (●)는 1,500, (✕)는 2,500룩스를 비췄을 경우
(■)는 보통 수면 상태

〈도표 12〉 **빛을 쬐면 멜라토닌 분비가 억제된다**

출처: A. Lewy et al., Light suppresses melatonin secretion in humans. Science, 1980, 210, 1267–1269.

25 기분을 좋게 하는 멜라토닌

멜라토닌은 세로토닌과 분자 모양이 매우 비슷해서 기분을 바꾸는 효과가 있을 것으로 예측된다.

미국에서 인기가 많은 경구 피임약 B-오벌을 복용하는 부인의 기분이 다른 피임약을 복용하는 부인보다 좋았다. 게다가 어떤 때는 기분이 좋은 것이 도를 넘어 도취감을 호소하는 부인도 있었다. 요컨대 B-오벌을 복용한 부인은 항우울제를 복용하지 않는데도 기분이 과도하게 좋아졌다.

B-오벌에는 다른 경구 피임약에는 없는 특별한 무언가가 함유되어 있는 것이 분명하다. 바로 멜라토닌이다. B-오벌 1회 분량에는 75밀리그램의 멜라토닌이 함유되어 있다.

어쨌든 멜라토닌은 기분을 좋게 하는 효과도 있는 것 같다. 그럼 멜라토닌이 저하되면 우울해지는 것일까? 정답은 우울 상태가 되는 것이 맞다.

우울증으로 고통받는 소년은 멜라토닌 수준이 낮은 것으로 알려져 있다. 우울증에 걸린 9~15세 소년의 멜라토닌 수준을 측정한 결과, 멜라토닌 수준이 같은 연령의 건강한 소년에 비해 60%밖에 되지 않는다는 것을 알 수 있었다.

또 자살한 사람의 대부분이 우울증으로 힘들어하다 죽음을 선택했다. 그렇다면 그들의 멜라토닌 수준도 낮을까?

컬럼비아대학교의 마이클 스탠리는 자살한 사람 19명과 자살하지 않고 죽음에 이른 사람(대조군)의 송과체에 함유되어 있는 멜라토닌을 비교하였다. 자살한 사람의 송과체는 대조군에 비해 멜라토닌 수준이 극단적으로 낮았다.

특히 멜라토닌이 만들어지는 밤에 죽은 경우 그 차이가 가장 컸다. 예를 들어, 대조군의 멜라토닌 수준은 조직 샘플 1밀리리터당 210피코그램이었는데, 자살한 사람은 10피코그램에 불과했다.

또 조증 환자와 우울증 환자의 멜라토닌 수준도 비교하였다. 건강한 사람의 멜라토닌 수준과 비교하면, 조증 환자는 2.5배나 높았고 대조적으로 우울증 환자는 건강한 사람의 절반밖에 되지 않았다.

멜라토닌 수준이 기분의 고저와 관련이 있다는 것은 확실한 것으로 보인다. 멜라토닌이 어떻게 작용하여 기분을 바꾸는지는 향후 진행되는 연구 결과를 기다려 보자.

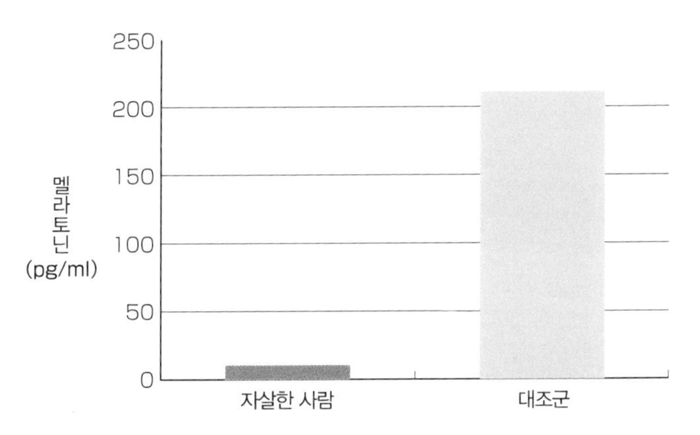

〈도표 13〉 밤 10시~아침 6시까지 자살한 사람과 대조군의 송과체에 함유된 멜라토닌의 양

출처: M. Stanley and G. M. Brown, Melatonin levels are reduced in the pineal glands of suicide victims, Psychopharmacology, 1988, 24 (3) 484–487.

메모

4장

음식으로도 마음은 바뀐다

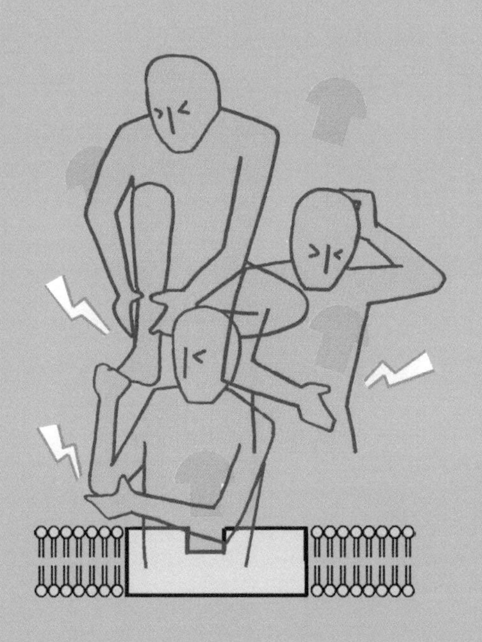

이번 장에서는 음식물에 함유된 물질이 어떻게 뇌와 마음에 영향을 미치는지 알아보자. 여기에서 다룰 물질은 아미노산, 당류, 미네랄, 고추 성분인 캡사이신 등이다. 또 음식물과 약을 함께 섭취하는 것에 대해서도 조금이나마 언급하겠다.

아미노산

1 우리의 마음을 만드는 아미노산

뇌의 신경세포와 신경세포 사이를 전달물질이 이동하여 마음이 탄생한다. 그리고 전달물질 양이 균형을 유지하면 우리는 평상시에 건전한 마음으로 지낼 수 있다. 이 균형을 유지하기 위해서는 필요에 따라 뇌에서 전달물질이 재빨리 공급되는 생산 체제가 구축되어 있어야 한다.

만약 전달물질의 원료가 부족하기라도 하면 전달물질이 원활하게 공급되지 않는다. 전달물질이 공급되지 않으면 신경신호가 제대로 전달되지 않아 다양한 마음의 병이 발생한다.

뇌에서는 많은 전달물질이 돌아다니는데, 아미노산, 아민, 펩티드 이 세 종류로 분류할 수 있다. 그런데 아민과 펩티드는 아미노산으로 만들어진다. 따라서 마음을 만드는 데 가장 중요한 물질은 아미노산이라고 할 수 있다.

아미노산 가운데에는 네 줄의 손이 있는 탄소(α탄소라고 함)가 있으며, 이 각각의 손이 수소(H), 알킬기(R), 아미노기($-NH_2$), 카복실기(-COOH)와 결합한다.

아미노기($-NH_2$)는 암모니아(NH_3)와 매우 비슷하며, 수용액에서 프로톤(H^+)을 받아들여 염기성을 띤다. 카복실기($-COOH$)는 수용액에서 프로톤(H^+)을 방출하여 산성을 띤다. 따라서 수분이 많은 환경인 생체에서 아미노산은 분자 내 산-염기 반응이 일어나 이온으로 존재한다.

아미노산은 전부 20종류가 있으며, 알킬기만 다를 뿐 수소와 아미노기, 카복실기는 어느 아미노산에서든 완전히 동일하다.

예를 들면, 알킬기가 메틸기라면 알라닌이라는 아미노산이, 벤젠고리가 있는 벤질기가 붙으면 페닐알라닌이 된다. 다만 글리신은 예외로, 알킬기 대신 수소가 부착된다.

아미노산은 단백질이나 펩티드 또는 전달물질의 원료라고만 생각할 수 있는데, 아미노산 스스로 전달물질로서 활동하기도 한다. 글리신, 글루탐산, 가바, 타우린 등이 여기에 해당한다.

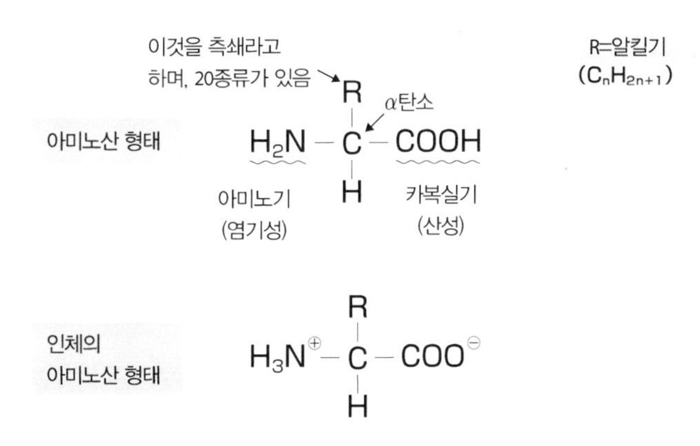

〈도표 1〉 우리 마음을 만드는 아미노산

2 아미노산으로 만들어지는 아민과 펩티드

아미노산에 탈탄산효소가 작용하면 이산화탄소가 분리되어 아민이 만들어진다. 예를 들면, 글루탐산의 두 개 카복실기 중 한 개가 이산화탄소로 분리되어 가바가 생겨난다. 히스티딘에서 이산화탄소가 분리되어 알레르기를 발생시키는 히스타민이 생긴다.

트립토판에서 이산화탄소가 분리되어 세로토닌이 생성된다. 세로토닌에 메틸기와 아세틸기가 부착되어 멜라토닌이 만들어진다.

페닐알라닌이나 티로신에서는 노르아드레날린이나 아드레날린, 도파민이 만들어진다.

어떤 아민이든 아미노산에 의해 짧은 공정으로 만들어지는 이유는 그만큼 중요한 물질이기 때문이다.

전달물질로서 활동하는 아민에는 노르아드레날린이나 아드레날린, 도파민, 세로토닌, 멜라토닌, 히스타민 등이 있다.

또 여러 아미노산이 연결되어 펩티드로 모습을 바꾼다. 전달물질로 활동하는 펩티드에는 인슐린, 바소프레신, 앤지오텐신, TRH(갑상선 자극 호르몬 분비 호르몬), LHRH(황체 형성 호르몬 분비 호르몬), β-엔도르핀, 엔케팔린 등이 있다.

TRH는 글루탐산, 히스티딘, 프롤린과 같은 3개의 아미노산으로 이루어져 있으며, 뇌를 흥분시켜 의욕을 일으키는 호르몬이다. 그리고 LHRH는 10개의 아미노산으로 이루어져 있으며 성욕을 일으킨다.

31개의 아미노산으로 이루어진 β-엔도르핀이나 5개의 아미노산으로 이루어진 엔케팔린은 둘 다 티로신에서 시작되기 때문에 뇌에서는 특히 티로신이 중요하다.

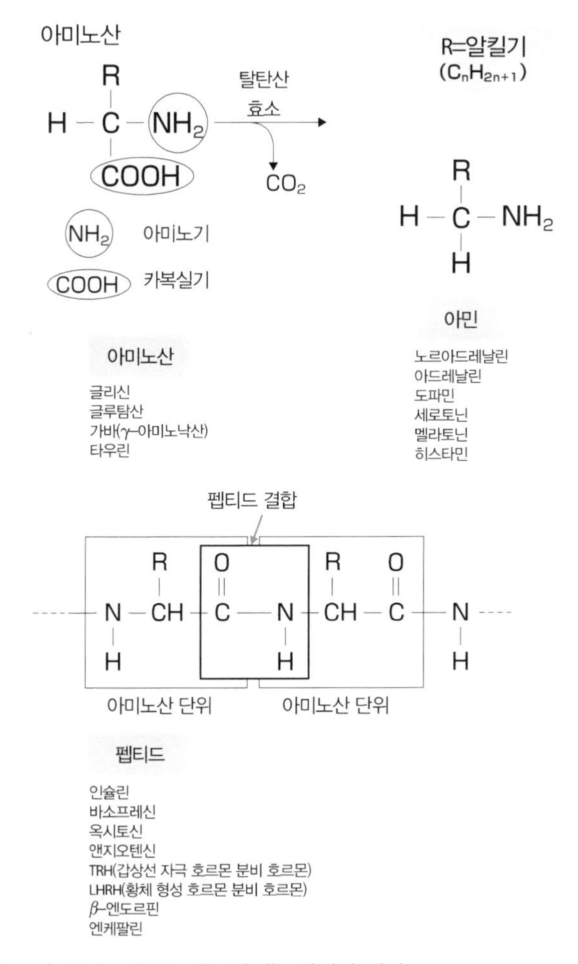

〈도표 2〉 **아미노산으로 만들어지는 아민과 펩티드**

3 필수아미노산을 적극적으로 섭취하다

폐와 심장, 신장 등의 기관과 마찬가지로 뇌 역시 단백질로 이루어져 있다. 예를 들면, 뇌의 신경세포, 효소, 수용체, 혈액-뇌 관문을 통과시키기 위한 운반체도 단백질로 구성되어 있다. 뇌의 단백질도 며칠이 지나면 그 절반이 분해되기 때문에 끊임없이 생산하지 않으면 뇌의 활동을 유지할 수 없다.

게다가 혈액-뇌 관문은 원칙적으로 단백질을 통과시키지 않기 때문에 뇌에서 이용되는 단백질은 아미노산과 합성된다.

아미노산은 전부 20종류가 있는데, 그중 알라닌, 아르기닌, 아스파라긴, 아스파르트산, 시스테인, 글루탐산, 글루타민, 글리신, 세린, 티로신, 프롤린 11종류는 체내 효소에 의해 다른 아미노산을 모델 변경하여 만들 수 있다.

그러나 나머지 아미노산은 다른 아미노산의 모델 변경으로 만들 수 없다. 이것을 '필수아미노산'이라고 하며, 음식물로 섭취할 수밖에 없다.

필수아미노산은 트립토판, 라이신, 트레오닌, 발린, 이소류신, 류신, 메티오닌, 페닐알라닌 9종류다. 그러나 뇌와 관련해서는 아르기닌과 티로신도 필수아미노산이다. 아르기닌을 만드는 효소나 페닐알라닌을 티로신으로 변환하는 효소는 간에만 있고 뇌에는 없기 때문이다.

특히 티로신은 노르아드레날린, 아드레날린, 도파민의 원료라서 반드시 공급해야 한다. 노르아드레날린, 아드레날린은 교환 신경을 흥분시켜 우리를 건강하게 하고, 도파민은 쾌감이나 도취감을 가져다주는 전달물질이다. 그렇기 때문에 만약 티로신의 뇌 공급이 부족해지면 멍하고 집중력도 기쁨도 없이 우울한 기분이 된다.

또 트립토판으로부터 세로토닌이나 멜라토닌이 만들어진다. 세로토닌은 침체된 마음을 좋게 하는 전달물질이다. 멜라토닌은 체온을 낮춰 수면으로 유도하는 호르몬이다. 따라서 트립토판의 뇌 공급이 부족해지면 기분이 침체되어 불면증에 시달릴 수 있다.

트립토판은 일반 음식에는 극히 적은 양밖에 함유되어 있지 않아 특히 결핍되기 쉬운 아미노산이다. 트립토판이 다량 함유된 음식은 땅콩, 바나나, 아몬드, 우유, 치즈 등이다.

미국에서는 우유를 마시고 잠자리에 드는 사람이 많은데, 우유에 함유되어 있는 트립토판이 세로토닌으로 변화하여 수면을 유도하기 때문이다.

기분을 좋게 하는 아미노산에는 메티오닌이 있다. 메티오닌은 비타민 B_{12}의 협력을 얻어 에너지 물질 아데노신3인산(ATP)과 결합하여 S-아데노실메티오닌이라는 물질로 모습을 바꾼다.

S-아데노실메티오닌은 기분을 좋게 할 뿐만 아니라 죄책감, 자살 충동, 무기력, 일의 능률 저하와 같은 우울 증상을 개선하는 효과도 항우울제보다 뛰어나다는 것이 수많은 임상 실험에서 증명되었다.

미국에서 S-아데노실메티오닌은 '사미'라는 상품명의 건강 보조식품으로서 판매되어 큰 인기를 얻었는데, 일본에서는 '의약품'으로 분류되어 있다.

당류

4 뇌는 에너지를 흡수하는 기관이다

몸은 단백질, 지방, 당류 3대 영양소 중 어떤 것이든 에너지원으로 이용할 수 있는데, 뇌의 에너지원은 통상 포도당뿐이다.

통상이라고 표현한 이유는 뇌에서 드물게 케톤체가 이용될 때가 있기 때문이다. 케톤체는 아세톤, 아세토초산, 히드록시낙산을 말한다. 3일 이상 금식하여 포도당이 부족해지면 간에서 지방산이 분해되어 케톤체가 만들어진다. 그렇지만 케톤체는 뇌에 필요한 에너지의 최대 50%까지만 감당할 수 있어서, 나머지는 포도당을 사용해야 한다.

뇌의 신경세포는 포도당이 효소에 의해 산화되어 이산화탄소와 물이 형성될 때 발생하는 ATP(아데노신3인산)를 에너지 물질로 이용한다.

또 뇌는 에너지를 대량 흡수하는 기관으로, 전체 체중에서 겨우 2%밖에 되지 않는 무게의 뇌가 온몸의 20%나 되는 에너지를 소비한다. 이 에너지 소비량은 몸을 움직이는 모든 근육, 몸의 화학 공장이라고도 할 수 있는 간과 거의 같은 수준이다.

뇌가 이렇게 많은 에너지를 소비하다니, 납득이 가지 않는다. 그러나 이 말은 학습, 사고, 판단, 면역에 출동 명령, 전신 컨트롤 등 뇌의 과도한 업무량을 말해 준다.

뇌의 업무에 대해 살펴보자. 사격 명사수가 표적을 향해 쏘는 것을 예로 들겠다.

먼저 명사수가 표적을 똑바로 응시하고 방아쇠를 당길 때 고동이 빨라진다. 서투른 사람은 곧바로 방아쇠를 당기지만, 명사수는 가만히 기다렸다 심박수가 잦아들어 마음이 차분해지면 천천히 방아쇠를 당긴다. 이렇게 발사된 탄환은 표적의 중심을 보기 좋게 명중한다.

표적을 맞히려고 할 때 먼저 모든 정보를 얻기 위해 뇌는 흥분하고 이때 심박수가 높아지는데, 정보 수집을 마친 시점에서 온몸 근육의 움직임을 정지시킨다. 뇌는 고된 업무를 완수하기 위해 막대한 에너지가 있어야 하는 것이다.

통상 뇌의 에너지원 대부분이 포도당이라는 것은 융통성이 없다고 할 수밖에 없다. 그렇다면 만일을 대비해 저축형 포도당이라고도 할 수 있는 글리코겐을 뇌에 비축해 두어도 좋지만, 뇌는 그 일도 하지 않으니 불가사의하다.

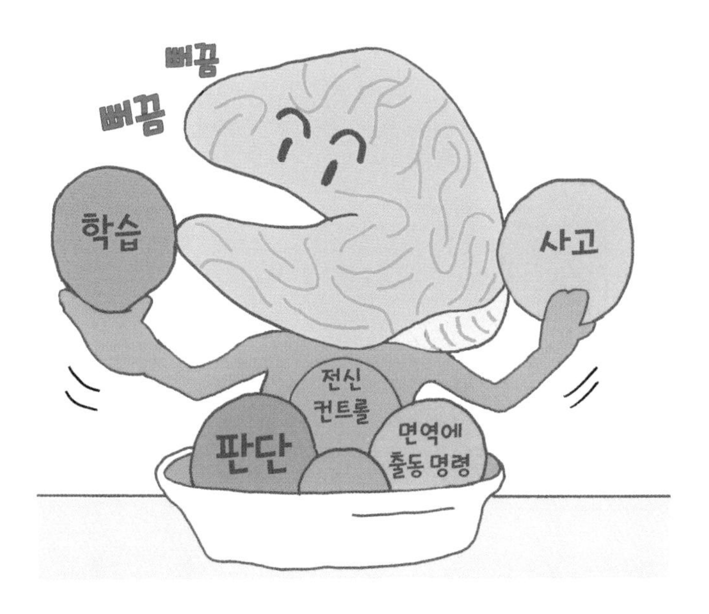

5 일상생활에서 볼 수 있는 주요 당류

뇌에 포도당을 공급하려면 당류를 먹는 것이 좋다. 포도당, 과당, 설탕(자당), 벌꿀, 전분 등이 대표적인 당류다.

포도당은 분자 구조가 육각형이며, 포도나 옥수수에 많이 함유되어 있다. 단맛은 설탕의 0.67배밖에 되지 않지만, 위나 소장에서 곧바로 혈액으로 들어가기 때문에 단 2분 만에 혈당 수치를 올려 속효성이 가장 좋다.

과당은 과일에 함유되어 있어서 이름을 이렇게 지었다. 과일에 함유되어 있는 모든 당이 과당이라고 생각할 수 있는데, 이는 잘못된 생각이다. 과당은 실제로 과일에 함유된 당 전체의 약 30%에 지나지 않으며, 나머지 70%는 설탕과 포도당이다. 과당은 설탕보다 1.7배나 달아서, 감미료로 이용할 때 소량으로 해결할 수 있다는 장점이 있다. 과당이 혈당 수치를 올리는 데 25분이나 걸리는 이유는 간에서 포도당으로 변환되는 데 시간이 걸리기 때문이다.

우리에게 익숙한 것이 주방에서 사용하는 설탕으로, 섭취하면 5분 만에 혈당 수치를 올린다. 벌꿀은 포도당과 과당이 거의 반씩 함유되어 있다. 설탕보다 단맛이 조금 강하고 5분이면 혈당 수치를 올릴 수 있다.

전분은 밥, 빵, 면류, 곡물, 감자류 등에 다량 함유되어 있다. 전분은 포도당 100~1,000개가 염주처럼 연결되어 있는 것으로, 단맛은 전혀 나지 않는다. 그러나 밥, 빵, 면류 등에서 섭취한 전분은 입이나 위의 효소에 의해 쉽게 분해되어 포도당이 되고, 혈액으로 들어가 온몸을 돌아 에너지로 이용된다.

같은 전분이라 하더라도 혈당 수치를 올리는 속도는 큰 차이를 보인다. 채소, 해조류, 버섯류 등 미가공 · 미당제 식물에 함유된 전분은 혈당 수치를 천천히 높인다. 그 이유는 미가공 · 미당제 식물에 함유된 섬유질이 전분을 분해하는 장내 효소의 활동을 억제하기 때문이다.

한편 고도로 도정된 밀가루로 만든 우동이나 빵, 도정된 쌀로 만든 떡이나 밥에 함유된 전분은 장내 효소에 의해 포도당으로 분해되는 속도가 굉장히 빠르다. 정제를 많이 하여 섬유질이 없어져 '화학적으로 순수한 전분 그 자체'가 되었기 때문으로, 섭취 후 10분이 지나면 혈당 수치가 올라간다.

6 뇌를 활성화하다

시험 날짜가 다가오거나 마감이 가까워지면 피로감을 느껴도 계속 일할 수밖에 없다. 이럴 때 뇌 활동을 높이기 위해 어떻게 하면 좋을지 생각해 보자.

먼저 카페인을 섭취하면 뇌가 흥분하여 잠에서 깨고 집중력이 높아진다. 알약으로 된 카페인을 복용하는 사람도 있는데, 커피 한 잔 마시는 게 훨씬 간단하다.

카페인이 뇌를 흥분시키는 이유는 뇌를 억제하는 아데노신이라는 전달물질의 활동을 저해하기 때문이다. 카페인이 아데노신 수용체를 점령하면 흥분성 신경신호를 강화해 뇌가 흥분하여 각성되는

것이다.

또 한 가지 중요한 것이 있다. 자동차가 휘발유로 달리듯, 뇌는 포도당을 에너지원으로 활동하기 때문에 뇌에 포도당을 공급하는 것도 잊어서는 안 된다.

카페인과 포도당을 동시에 섭취하려면 설탕이 들어 있는 커피를 마시면 된다. 이 방법이 뇌를 활성화하는 가장 간단하고 확실한 방법이다. 블랙커피만 마시는 사람도 취향을 바꿀 필요는 없다. 블랙커피를 마시면서 초콜릿이나 사탕처럼 설탕이 함유된 단 음식을 조금 먹으면 된다.

이때 주의해야 할 점이 있다. 커피 한 잔은 뇌를 흥분시켜 각성을 돕지만, 매일 두 잔 이상 섭취하면 학업에 마이너스 영향을 미친다는 것이다. 커피는 하루에 한 잔 또는 많아도 두 잔까지만 마시도록 하자.

7 아침밥을 먹으면 뇌 활동이 향상된다

'아침에 약해'라고 하는 사람이 있다. 아침에는 원래 갖고 있는 힘을 발휘하지 못해 시험에 떨어지거나 중요한 일에 실패하기도 한다.

성인 남성(체중 60킬로그램)의 뇌는 1시간에 5그램의 포도당을 소비한다. 온몸의 혈액에 있는 양이 정확히 이 정도인데, 한 시간에 전부 소비해 버리는 것이다.

근육에는 최대 380그램 정도의 글리코겐이 저장되어 있다. 그런데 근육의 글리코겐은 산소를 사용하지 않고 산화하는 해당계라는 다른 루트를 이용해 유산이 된다. 따라서 에너지 생산에 상당한 시간이 걸려 뇌는 근육의 글리코겐을 이용할 수 없다.

몸을 구성하는 단백질을 아미노산으로 분해하여 이를 포도당으로 변환해 뇌에 공급할 수도 있다. 그렇지만 이는 어디까지나 비상 수단에 해당한다.

결국 뇌가 이용할 수 있는 것은 간에 비축해 두었던 60그램의 글리코겐뿐인데, 이 또한 12시간 만에 전부 소비해 버린다. 만약 저녁 8시에 저녁을 먹었다고 한다면 다음 날 아침 8시에 식사를 하지 않으면 뇌는 에너지가 부족하게 된다. 이를 방지하기 위해 아침밥을 충분히 먹어서 뇌로 포도당을 공급해야 한다.

아침밥을 먹는 사람이 먹지 않는 사람보다 기억력과 집중력이 좋고 수학 시험에서 고득점을 얻을 수 있으며 문제 해결 능력도 높다는 것은 수많은 연구에 의해 증명되었다. 이것을 '아침밥 효과'라고 한다. 그 증거는 엄청나게 많지만, 그중 두 가지 예를 들어 보겠다.

첫 번째는 2003년 영국의 케이스 웨스네스에 의해 보고된 어린이의 집중력에 미치는 아침밥 효과다.

그는 초등학생 29명에게 통밀 시리얼, 포도당액, 식사 제외 등 서로 다른 아침밥을 제공하였다. 그리고 식사 후 30, 90, 150, 210분에 어린이의 주의력과 기억력을 테스트하였다.

그 결과 통밀 시리얼을 먹은 어린이는 포도당액을 마신 어린이와 식사 제외 어린이보다 주의력과 기억력이 좋았다.

식사를 하지 않은 어린이는 포도당이 부족하여 뇌가 원래 컨디션을 보이지 않는 것은 당연하다. 포도당액은 급격히 혈당 수치를 올리지만, 혈당 수치는 곧바로 떨어지기 때문에 결과적으로 뇌는 에너지 부족에 빠지게 된다. 그러나 통밀 시리얼은 천천히 혈당 수치를 높이기 때문에 뇌로 가는 포도당 공급이 안정적이고 뇌 본연의 실력을 발휘하여 이를 유지할 수 있는 것이다.

두 번째는 자치의대의 가가와 야스오 그룹이 보고한 아침밥 효과다. 기숙사에서 생활하는 학생을 대상으로 아침밥을 먹지 않는 학생과 먹는 학생의 학업 성적을 비교한 결과, 아침밥을 먹지 않는 학생은 먹는 학생보다 성적이 좋지 않았다.

시험이 있는 날이나 업무에서 오전부터 성과를 내야 하는 경우에는, 아침밥을 섭취하여 뇌로 충분한 포도당을 공급할 것을 권한다.

8 혈당 수치가 내려가면 초조하고 집중이 안 된다

혈당은 뇌의 활동뿐만 아니라 기분에도 큰 영향을 미치는 것으로 알려져 있다. 보통 혈당 수치는 혈액 100밀리리터당 100밀리그램이지만, 조금 격렬한 운동을 하면 60밀리그램까지 떨어진다.

이보다 더 떨어져 50밀리그램이 되면 '저혈당'이라고 하며, 비정상적인 공복감, 피로감, 계산 능력 저하, 초조한 기분이 된다. 혈당 수치는 항상 일정하지 않으며 끊임없이 변화하고 이 변화와 함께 기분도 바뀐다. 음식이 우리 마음을 만들기도 하고, 바꾸기도 하는 것이다.

필자가 저혈당으로 힘들어하는 사람을 처음 본 것은 미국 대학에서 생화학 강의를 담당했을 때다. 평소와 다름없이 강의실에 도착한 필자에게 의학부 진학을 목표로 하는 여학생이 와서 강의 중 사탕을 먹게 해 달라고 요청하였다.

필자는 아무리 봐도 비만이 아닌 그녀가 설마 당뇨병일 것이라고는 생각지도 못했다. 순간 깜짝 놀란 나에게 그녀는 당뇨병 때문에 인슐린을 맞고 있는데, 혈당 수치가 과도하게 내려가는 것을 방지하기 위해 사탕으로 당분을 보충해야 한다고 설명해 주었다. 물론 나는 허락했다.

일본과 달리 미국에서는 고등학교를 졸업하고 갑자기 의학부로 진학하는 것은 불가능하다. 우선 대학 학부를 졸업한 후에 의학부로 진학해야 한다. 물론 학부 때의 우수한 성적이 의학부 합격을 위한 최저 조건이기 때문에, 의학부를 목표로 하는 학생은 공부를 열심히 할 수밖에 없다.

만약 저혈당이 발생하면 초조하여 강의에 집중하지 못한다. 또 강의 중에 치르는 간단한 시험 때 초조해지면 좋은 성적을 받을 수 없다. 그러면 염원의 의학부 진학에 황색 신호가 들어오게 된다.

사탕 덕분에 저혈당을 피할 수 있었던 그녀는 집중력을 유지했다. 그리고 원래 실력을 발휘하여 이날 간단한 시험에서는 10점 만점에 9점을 받았다.

9 당뇨병 환자는 머리가 좋을까

포도당이 뇌의 에너지원이라면, 당뇨병 환자처럼 혈액 중 포도당 농도가 굉장히 높은 사람은 뇌의 혈당 수치도 높아서 건강한 사람보다 머리가 좋을까?

단 음식을 먹은 후에 곧바로 혈당 수치가 올라가면 췌장에서 인슐린이 분비된다. 세포 표면에 부착되어 있는 수용체가 인슐린을 캐치하면 세포에 포도당을 들여보내라는 명령을 보낸다. 세포는 이 명령을 받아야만 포도당을 이용할 수 있다.

따라서 인슐린이 부족하거나 충분하더라도 세포에 포도당을 들여보내라는 명령을 내리지 않으면, 세포는 혈액에 풍부하게 존재하는 포도당을 이용할 수 없다. 실은 이것이 당뇨병이다.

오사카대학교의 나카가와 하치로와 규슈대학교의 오무라 유타카는 인슐린이 혈액-뇌 관문을 통과하여 뇌로 들어간다는 것과 뇌의 신경세포에 인슐린 수용체가 있다는 것을 확인하였다. 뇌에서도 비슷한 구조가 활동하고 있을 것으로 보인다.

그렇다면 인슐린을 제대로 이용하지 못하는 당뇨병 환자가 예외적으로 뇌만 인슐린을 잘 이용하고 있다고 생각하는 데는 무리가 있다.

따라서 당뇨병 환자가 건강한 사람보다 머리가 좋다고는 보기 어렵다. 머리가 좋기는커녕 당뇨병 환자는 그들이 원래 갖고 있던 능력도 발휘하지 못한다고 할 수 있다. 당뇨병은 뇌에 좋지 않은 것이다.

그리고 당뇨병은 알츠하이머병의 위험 인자이기도 하다는 것 또한 판명되었다.

미네랄의 효능

10 이성을 잃는 것은 음식 때문일까

버터플라이 나이프로 교사를 찔러 죽이거나 중학생이 권총을 갖고 싶어 경찰을 덮치는 흉악한 소년 범죄가 끊임없이 일어나고 있다. 2009년도 초등학생 · 중학생 · 고등학생에 의한 폭력 행위는 학교 교내외에서 약 6만 1천 건이나 발생했다. 과거 최고 수준이다.

범죄에 이르지는 않더라도 사소한 일에 욱해서 폭력을 휘두르는 소년도 늘고 있다. 소년이 이전보다 광폭해진 것일까? 이러한 돌발적인 폭력을 항간에는 '이성을 잃었다'고 표현한다.

폭력적인 성격이 유전에 의한 것인지 아니면 자라 온 환경(가정 교육이나 교육)에 의한 것인지와 같은 논의가 끊임없이 이루어지고 있는데, 요즘 들어 영양의 균형이 무너져 폭력 행위가 발생한다는 이른바 제3의 설이 관심을 끌고 있다.

최근 일본에서는 인스턴트식품이나 패스트푸드가 큰 인기를 얻고 있다. 맛이 좋을 뿐만 아니라 시간이나 수고도 덜 수 있기 때문이다. 세상이 편리해졌다고 기뻐하기에는 아직 이르다.

패스트푸드나 인스턴트식품은 지방과 당분이 풍부하고 칼로리가 높은 데 비해 비타민이나 미네랄, 섬유질이 매우 부족하다. 즉, 영양의 균형이 현저히 결여되어 있다.

미국에서는 이러한 음식을 '정크 푸드'라고 한다. 정크는 '잡동사니'라는 의미로, 정크 푸드는 '잡동사니 음식'을 말한다. 정크 푸드를 매일 먹으면 비만이 되거나 당뇨병에 걸릴 우려가 있는 것은 물론 뇌에도 나쁜 영향을 미친다.

여기에서는 특히 미네랄, 그중에서도 가장 결핍이 우려되는 아연 그리고 당분의 대량 섭취 및 폭력과의 상관관계를 중심으로 설명하겠다.

11 아연이 부족하면 광폭해진다

일리노이주에 있는 건강연구소의 윌리엄 월시는 미네랄의 균형이 무너져도 폭력 행위를 일으킨다고 보고하였다.

그는 폭력 행위로 교도소에 수감된 135명의 남성 죄수와 폭력 사건 경험이 없는 일반 남성 18명의 혈액에 함유된 아연과 동을 측정하였다.

그 결과는 다음과 같다. 폭력적인 남성의 '동/아연' 비율은 1.40, 일반 남성은 1.02였다. 요컨대 폭력적인 남성은 일반 남성보다 아연 농도가 낮고 동 농도가 높다는 것이다.

그리고 폭력 정도가 격렬하고 빈도가 높은 남성일수록 그 경향이 강한 것을 통해 폭력과 '동/아연' 비율의 인과관계를 확인할 수 있다.

또 다른 연구에서 혈액 중 높은 동의 농도가 과격한 활동이나 조현병과 관계가 있다는 것은 이미 확인되었다.

그래서 이들 죄수의 아연 결핍과 동의 과잉을 해소했더니, 폭력 정도가 상당히 진정되었다. 아연은 식사로만 섭취하면 충분하지 않아서 영양 보조 식품을 사용하였다. 또 동의 과잉은 동이 적은 식사를 함으로써 해소할 수 있었다.

물론 폭력과 같은 공격적인 행동은 혈액 중 아연이나 동의 농도하고만 관련 있는 것이 아니라 이들 이외에 다양한 물질의 불균형에서 유래할 것이다. 그러나 아연과 동이 폭력이라는 매우 공격적인 행동에 큰 영향을 미친다는 것을 확인할 수 있었다.

12 청년들의 현저해진 아연 부족

미국에서 실시한 조사에 의하면 10대 세 명 중 두 명은 아연이 부족하다고 한다. 일본에서도 혼자 사는 학생이나 여성들의 아연 부족이 늘고 있다고 보고되었다. 특히 청년의 아연 부족이 우려스럽다. 최근 청년들이 쉽게 화를 내는 이유 중 하나가 아연 부족 때문일 수 있다.

왜 아연이 부족하게 된 것일까? 여기에는 두 가지 이유가 있다.

첫째, 현대 사회에는 정제된 원료를 이용한 식품이 많은데, 원료에 아연이 별로 함유되어 있지 않다.

둘째, 피트산이라는 물질이 아연과 결합하여, 아연 흡수를 방해한다.

피트산은 흔한 물질이며, 빵과 같은 밀가루나 인스턴트식품에 상당히 많이 함유되어 있어서 평소 식생활에서 쉽게 섭취할 수 있다. 이 때문에 아연은 가장 부족해지기 쉬운 미네랄이다.

아연은 대부분의 효소 작용에 필요한 필수 미네랄이어서 부족해진 만큼 온몸에 영향을 미친다. 특히 현저하게 볼 수 있는 증상이 신장이나 체중의 성장이 지연된다는 것과 제2차 성징이 멈추거나 성욕이 감퇴된다는 것이다. 특히 성욕에 대한 영향이 커서, 미국에서는 아연을 '섹스 미네랄'이라고 부른다.

또 아연은 미각을 관장하는 미뢰를 성장시키는 역할도 담당하고 있어서, 아연 부족으로 음식의 맛을 잘 모르는 미각 이상이 발생하기도 한다.

아연이 부족해지지 않기 위해서는 감, 달걀, 콩류, 브라운브레드(미정제 밀가루로 만든 빵) 등을 먹어야 한다.

13 항스트레스 물질로 스트레스를 견디다

우리가 살아 있는 한 인간관계의 마찰로 의한 스트레스에서 벗어날 수는 없다. 스트레스가 축적되고, 그 축적된 스트레스가 한계를 넘어서면 정신적으로 피로해지며, 극단적인 경우에는 폭력이라는 형태로 폭발하는 경우도 있다. 스트레스가 너무 많이 축적되는 것은 매우 위험하다.

하지만 우리 몸은 잘 만들어져 있다. 간에서 필요에 의해 스트레스에 대처하기 위한 항스트레스 물질이 형성되어 혈액으로 방출돼 온몸을 돌아다닌다.

61개의 아미노산으로 이루어진 소형 단백질인 메탈로티오네인은 항스트레스 물질 중 하나로, 스트레스에 대한 감수성을 낮춰 과도한 긴장이나 불안을 완화하고 뇌를 보호한다.

또 스트레스는 화학 반응을 일으키기 쉬운 활성 산소라는 맹독을 발생시킨다. 활성 산소는 유전자와 혈관에 손상을 입히거나 혈전을 만든다. 유전자 손상은 암을 유발하고, 혈전은 심장병이나 뇌내출혈의 원인이 된다.

활성 산소를 방치하면 인체가 위험해지는데, 물론 인체에는 활성 산소를 파괴하는 물질이 준비되어 있다. 이는 또 다른 항스트레스 물질로, 동을 함유한 셀룰로플라스민은 1,400개나 되는 아미노산으로 이루어진 거대한 단백질이다.

14 아연과 동이 폭력과 관계 있는 이유는 무엇일까

스트레스 신호로 간에서는 아연을 원료로 한 메탈로티오네인이 만들어진다. 만약 아연이 부족하면 메탈로티오네인의 생산에 차질이 생겨 스트레스에 대한 감수성이 저하되지 않는다. 이 때문에 정신적인 피로도가 상승하여 우울해지거나 극단적인 경우에는 돌발적인 폭력 행위(이것을 이성을 잃었다고 표현함)에 이르게 된다.

그럼 스트레스와 혈액 중 동의 농도는 어떤 관계일까? 스트레스가 쌓이면 셀룰로플라스민이 동을 감싸 안은 채 혈액으로 방출되어 스트레스로 발생한 활성 산소를 분해한다. 이 때문에 스트레스가 쌓이면 쌓일수록 혈액의 동 농도가 높아진다.

또 앞에서 설명한 교도소 실험에서 알게 된 것처럼, 반대로 어떠한 원인으로 혈액 중 동 농도가 높아져도 쉽게 폭력적이 된다.

동과 아연은 필요한 양이 크게 다르다. 체중 60킬로그램인 사람은 동 70밀리그램, 아연 1,700밀리그램이 필요하다. 아연은 동의 25배나 많이 필요하기 때문에, 동은 쉽게 부족해지지 않지만, 아연은 쉽게 부족해진다는 것을 알 수 있다.

15 당분의 대량 섭취와 폭력의 관계

아연 부족뿐만 아니라 당분의 과잉 섭취도 이성을 잃게 하는 원인이라고 볼 수 있다. 어린이들은 당분이 너무 많고 비타민이나 미네랄이 심각하게 적은 정크 푸드를 먹으면 혈당 수치가 급격히 상승한다. 이를 원래대로 되돌리기 위해 췌장에서 인슐린이 대량으로 분비되는데, 양이 너무 많으면 이번에는 반대로 혈당 수치가 과도하게 내려간다.

저혈당은 뇌와 목숨에 위험하다. 과도하게 내려간 혈당 수치를 원래대로 되돌려야 한다. 그래서 부신에서 아드레날린이 분비된다. 이로써 인슐린 분비는 억제되지만, 교감 신호가 흥분하여 혈관이 수축해 혈압은 오르고 근육은 긴장한다.

또 아드레날린에 의해 뇌는 심각하게 흥분하기 때문에 긴장, 불안, 공포, 초조 상태가 된다. 이러한 마음 상태에 있는 어린이들이 쉽게 이성을 잃는 것은 당연하다고 할 수 있다.

이 추론에 대해 다음과 같은 반론을 제기할 수도 있다. 즉, '정크 푸드나 단 음식을 먹은 모든 어린이가 이성을 잃는 것은 아니다. 이성을 잃는 어린이들은 극소수에 불과하며, 대부분의 어린이는 혈당 수치가 저하되어도 이성을 잃지 않는다. 따라서 이성을 잃는다, 잃지 않는다는 혈당 수치와는 상관이 없다'는 반론이다. 이 반론에는 문제가 있다.

'정크 푸드와 폭력의 관계'가 '빈곤과 범죄의 관계'와 상당히 비슷하다는 것을 눈치챘는가? 모든 가난한 사람이 범죄를 저지르지는 않는다. 그러나 사회 전체가 빈곤해지면 범죄가 늘어나는 것은 사실이다. 이 경우 빈곤이 범죄를 유발하는 중요한 요인이 됐다는 것은 분명하다.

마찬가지로 혈당 수치가 내려가면, 위기를 극복하기 위해 아드레날린이 분비된다. 이 때문에 초조해져서 쉽게 이성을 잃는 것은 확실하다. 따라서 정크 푸드나 단 음식은 어린이의 이성을 쉽게 잃게 만든다.

캡사이신

16 고추 매운맛의 기본

새빨간 고추가 들어간 김치, 진홍색 타바스코 몇 방울을 떨어뜨려 먹는 스파게티. 이 모든 음식은 입에 넣으면 얼얼한 매운맛이 나는 것이 특징이다.

타바스코는 소금에 절인 고추를 발효시켜 식초를 더해 만든 빨간색 소스로, 식품의 이름이 아니라 메킬레니사의 상품명이다.

1작은술의 고추를 입에 머금으면 입속은 매운맛 때문에 마치 불이 난 것처럼 뜨겁고, 피부나 눈은 뜨거운 것 같기도 아픈 것 같기도 한 복잡한 심정이다. 영어로는 '맵다'와 '뜨겁다' 둘 다 'hot'으로 표현한다. 이 표현은 정확히 맞아떨어졌다.

캡사이신 수용체는 캡사이신과 결합했을 때뿐만 아니라 열에 의해서도 활성화하여 어떤 경우든 '뜨겁다'는 감각 정보를 발생시킨다. 그렇기 때문에 고추를 먹으면 체온이 올라가지 않는데도 몸 전체가 뜨거워진다.

캡사이신은 교감신경을 자극하여 부신에서 아드레날린이나 노르아드레날린을 분비해 발한을 촉진한다.

고추가 매운 이유는 고추에 함유되어 있는 캡사이신이라는 유성물질 때문이다. 그 맛이 독특해서 음식에 들어 있으면 절대 모를 수가 없다. 겨우 10ppm(0.001%)의 캡사이신 용액이 혀에 닿는 것만으로도 타는 듯한 느낌이 드는데, 농도가 이보다 훨씬 낮더라도 충분히 그 맛을 인식할 수 있다.

이 강렬한 맛이 오래 유지되는 이유는 캡사이신 분자에 있는 '탄화수소 쇠사슬' 때문이다. 캡사이신 수용체는 지방이 풍부해서 이 쇠사슬이 캡사이신 수용체와의 결합을 견고하게 만든다.

캡사이신은 바닐라 향의 주성분인 바닐린과 '탄화수소 쇠사슬'로 이루어져 있어서, '바닐로이드'라고도 불린다. 고추에서는 캡사이신과 비슷한 다른 물질(바닐로이드)도 발견되었다. 이들 물질은 탄화수소 쇠사슬의 길이가 달라서 입, 혀, 목에 있는 수용체와 결합할 때의 세기도 다르다. 어떤 고추는 입에서, 다른 고추는 목에서 타는 듯한 매운맛을 느끼는 이유를 이것으로 설명할 수 있다.

캡사이신은 뜨겁든 차갑든 파괴되지 않기 때문에 조리해도 매운맛에는 변화가 없다. 어떻게 해서든 매운맛을 없애고 싶다면 고추에서 캡사이신을 함유한 씨와 잎맥(잎에 분포하는 얇은 줄기)을 제거하면 된다.

캡사이신의 탄화수소 쇠사슬이 길어서 물에는 녹지 않지만, 에탄올이나 식물유에는 잘 녹는다. 그렇기 때문에 고추를 먹은 후에 물을 마셔도 매운맛이 가시지 않는 것이다. 미국에서는 매운맛을 없애기 위해 차가운 맥주를 마시는 경우가 많은데, 알코올 농도가 낮아서 캡사이신을 씻어 없애지는 못한다.

가장 효과적인 방법은 우유를 마시는 것이다. 우유에 함유된 카세인은 지방이 많아서 효과적으로 캡사이신을 씻어 없앤다.

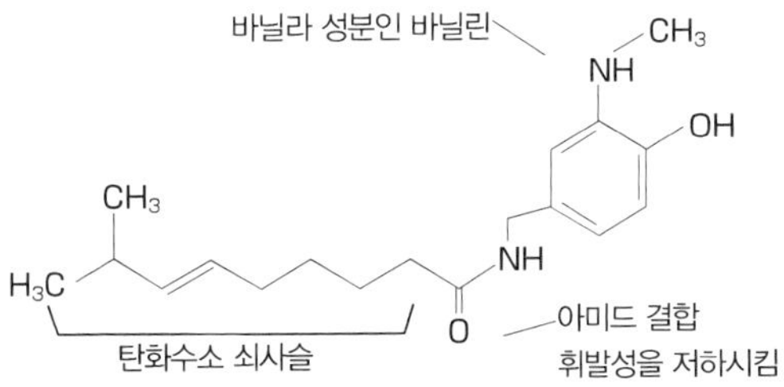

〈도표 3〉 캡사이신의 분자 구조

캡사이신은 분자 안에 바닐라 성분을 함유하고 있어서, '바닐로이드'의 친구라고 할 수 있다.

17 β-엔도르핀

고추를 먹었을 때의 효과를 다음 페이지에 그림으로 나타냈다. 캡사이신의 매운맛(통증이나 뜨거움)을 느끼려면 우선 고추가 수용체(바닐로이드 수용체라고 함)와 결합해야 한다. 캡사이신이 결합한 수용체에서는 신경신호를 내보내고, 이 신경신호가 뇌를 자극하여 노르아드레날린이나 β-엔도르핀이 분비된다.

뇌의 자극으로 교감신경이 흥분하여 부신에서 소량의 아드레날린이 분비돼 혈당 수치나 심박수가 조금 상승한다. 캡사이신은 대사를 높이기 때문에 에너지를 더욱 많이 소비시켜 비만 해소에 이용할 수 있을 것이라는 기대가 높다.

또 β-엔도르핀은 31개의 아미노산으로 이루어진 펩티드로, 통증을 완화하여 안도감을 유발하는 뇌 속 마약의 일종이기도 하다.

뇌 속 마약은 뇌에서 생산되는 모르핀과 비슷한 효과가 있는 물질로, β-엔도르핀이나 5개의 아미노산으로 이루어진 엔케팔린 등이 있다.

고추를 먹었을 때 맵기와 통증 그리고 타는 듯한 열기 후에 오는 편안함은 뇌에서 분비되는 β-엔도르핀으로 설명할 수 있다.

18 사람에게 위험을 알리는 경보기

사람의 몸이 캡사이신에 반응하는 이상 분명 그 수용체가 있을 것이라고 수많은 과학자가 생각했다. 연구가 시작되고 10년 이상 경과한 1997년, 결국 UCSF의 데이비드 줄리어스가 캡사이신 수용체를 발견하여 순수한 형태로 추출하는 데 성공했다.

추출한 수용체에 캡사이신을 더하자 훌륭하게 결합하였고, 막이 흥분하여 신경신호가 발생했다. 고추를 먹고 입이나 혀, 목, 눈, 피

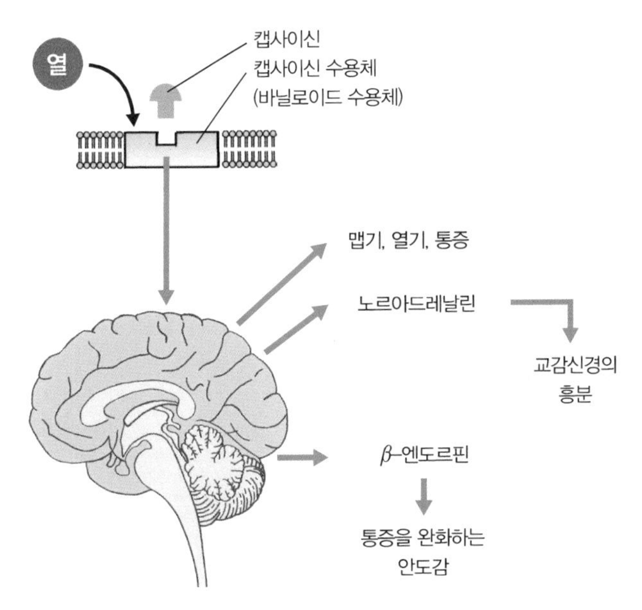

〈도표 4〉 **캡사이신 효과**

캡사이신 수용체는 캡사이신뿐만 아니라 열에 의해서도 활성화된다.

부, 몸 깊숙한 곳에서 통증과 열을 느끼는 이유는 캡사이신의 수용체 결합이 계기가 되었다는 것을 확인할 수 있었다.

그럼 캡사이신과 수용체는 인체에서 어떤 역할을 할까? 줄리어스의 실험을 통해 알아보자.

사람의 신장에서 추출한 신경세포를 46도의 고열에 노출했더니 2~3초 경과한 후 칼슘이온이 세포에 밀착하여 신경세포에 전기신호가 발생하였다. 1장에서 설명했듯, 칼슘이온이 세포로 들어가 세포막의 성질이 변화하여 전기신호가 발생한 것이다.

다음으로 신경세포를 고열에 노출하는 것이 아니라 캡사이신을 접촉시켰다. 그러자 고열에 노출했을 때와 마찬가지로 전기신호가 발생했다.

즉, 신경세포가 고열에 노출되었을 때와 캡사이신이 수용체와 결합했을 때는 같은 신경신호가 발생하는 것이다. 이것은 무엇을 의미할까?

아직 확실히 밝혀진 것은 없지만, 다음과 같은 경우를 생각할 수 있다. 옛날부터 사람이 살아가는 것은 쉬운 일이 아니었다. 때로는 위험한 정도의 고열에 시달리기도 한다. 그럴 때 캡사이신과 매우 비슷한 물질이 만들어지고, 그 물질이 결합한 수용체가 통증 신호를 내보내 뇌에 위험이 닥쳤다는 것을 알린다. 이로써 뇌는 사람에게 위험에서 도망치는 행동을 일으키는 것이다.

즉, 캡사이신과 수용체는 사람에게 생명의 위험을 알리는 경보기라고 추측할 수 있다. 만약 이 추측이 맞다면 캡사이신과 수용체는 사람뿐만 아니라 많은 동물에게도 적용될 것이다.

19 통증에서 해방되다

그런데 많은 과학자는 캡사이신의 통증 완화 효과에 주목하고 있다. 캡사이신이 통증을 전달하는 것은 설명했는데, 캡사이신이 신경세포와 계속 접촉하면 결과적으로 통증이 없어지기 때문이다.

캡사이신에 의한 신경세포의 활성화가 지속되면 신경세포 내부에 축적된 서브스턴스P(P 물질)라는 통증 전달물질을 고갈시켜 통증 신호의 발생을 억제한다.

더불어 뇌 속 마약인 β-엔도르핀도 분비된다. 이 외에 엔케팔린도 분비될 것으로 추측하고 있다.

캡사이신과 수용체는 인체가 통증이나 고열이라는 위기에 처해 있다는 것을 알리는 한편 고열에 의한 통증에서 해방시킨다. 캡사이신이 수용체와 단시간에 결합할 때는 통증 신호가 발생하고, 긴 시간 결합할 때는 통증을 억제하는 신호를 발생시켜 모순돼 보이는 역할을 훌륭히 완수한다.

캡사이신 수용체와 결합하는 물질을 연구함으로써 만성적으로 힘들어하는 류머티즘의 통증을 완화하는 새로운 진통 물질 발견에 큰 기대를 걸고 있다.

실제로 미국에서는 캡사이신이 통증을 멈추는 데 이용되고 있다. 캡사이신 연고는 관절염 통증과 대상포진에 의한 통증을 완화하기도 한다.

약과 음식

20 음식물과 약의 조합에 주의!

불안을 억제하는 약을 복용하는 사람은 술 또는 커피를 마시거나 담배를 피우면 안 된다. 불안은 뇌의 비정상적인 흥분에 의해 발생하고, 이를 억제하는 데 디아제팜이나 트리아졸람 등의 벤조디아제핀계가 이용된다.

벤조디아제핀계는 가바에 의한 억제성 신호를 강화하여 뇌의 비정상적인 흥분을 억제해 불안, 긴장, 초조와 같은 증상을 개선시킨다. 이 약은 부작용이 적고 효능이 뛰어나지만, 복용 중에 술 또는 커피를 마시거나 담배를 피우면 안 된다.

알코올과 함께 복용하면 혈액 중의 벤조디아제핀계 농도가 급격히 높아져 그 효과가 강해진다. 그뿐만 아니라 벤조디아제핀계와 알코올 두 종류가 뇌를 억제하게 되기 때문에 취하는 정도가 높아져 운동 장애를 일으키기 쉽다. 그리고 호흡이 억제되기라도 하면 저세상으로 직행할 수도 있다. 알코올은 술은 물론 드링크제에도 함유되어 있어서 주의가 필요하다.

커피를 마시면 안 되는 이유를 살펴보자. 뇌의 비정상적인 흥분을 벤조디아제핀계로 억제하려고 하는데 커피에서 카페인, 담배에서 니코틴을 섭취해 버리면 뇌의 아세틸콜린 신경을 자극해 대뇌피질을 흥분시키기 때문에 벤조디아제핀계의 뇌 흥분을 억제하는 효과가 없어진다.

그뿐만 아니라 니코틴은 맹독이어서 지금도 농업용 살충제로 이용하고 있다. 소량으로는 벌레를 죽이고 대량으로는 동물의 연수에 작용하여 호흡을 정지시키고 개든 사람이든 죽게 만든다. 애연가는 살충제에 불을 지펴 거기에서 나오는 연기를 흡입하는 사람인 것이다. 도저히 제정신이라고 볼 수 없다.

그런데 몸에 들어간 맹독은 한시라도 빨리 밖으로 배출하지 않으면 안 된다. 그래서 간의 시토크롬 P-450이라는 효소가 니코틴을 산화하고 수용성으로 바꿔 소변과 함께 체외로 배출한다.

평소 담배를 피우는 사람은 시토크롬 P-450의 양이 많아 니코틴뿐만 아니라 다른 물질도 빨리 대사하여 체외로 배출한다.

이는 진퇴양난에 빠진 모양으로, 담배를 피우는 사람에게 약은 효과적이지 않다. 그리고 평소 알코올을 섭취하는 사람도 시토크롬 P-450이 증가하여 약이 잘 듣지 않는다.

21 항우울제와 음식의 조합

노르아드레날린이나 세로토닌이 부족하면 기분이 침체되어 무기력해진다. 이 증상을 개선하기 위해 페넬진, 트라닐시프로민, 이소카복사지드 등의 MAO 억제제가 이용된다.

MAO 억제제를 복용하는 사람은 와인, 맥주, 커피를 마시거나 치즈, 간, 건포도, 효모제제를 섭취하면 안 된다. 이들 음식이나 음료에는 티라민이라는 물질이 함유되어 있기 때문이다. 티라민은 아미노산의 티로신이 탈탄산효소에 의해 이산화탄소가 분리되어 생기는 노르아드레날린과 매우 비슷한 물질이다.

뇌에 있는 노르아드레날린이나 아드레날린의 양은 MAO에 의해 컨트롤된다. 그런데 MAO 억제제를 복용하면 MAO의 작용이 현저히 저해된다. 여기에 치즈나 와인을 섭취하여 티라민이 대량 공급되면 어떻게 될까? 뇌에 들어간 티라민은 MAO에 의해 분해되지 않고 신경세포에 흡수된다. 그리고 노르아드레날린이 들어 있는 작은 꾸러미를 자극하여 노르아드레날린이 신경 말단에서 대량 분비된다.

그러면 교감신경이 비정상적으로 흥분하기 때문에 혈압이 급격히 상승하여 뇌졸중 위험성이 높아진다.

또 이미프라민, 클로미프라민, 아미트립틸린 등의 삼환계 항우울제를 알코올, 담배와 함께 섭취하면 안 된다.

알코올과 삼환계 항우울제를 함께 섭취하면 그 이유는 확실히 밝혀지지 않았지만 혈액 중 알코올 농도가 급격히 상승한다. 알코올은 혈액-뇌 관문을 쉽게 통과하여 뇌 속 알코올 농도를 상승시킨다. 알코올은 뇌의 신경세포를 감싸는 미엘린 수초에 침투해 신경신호의 흐름을 억제하기 때문에 뇌가 강하게 억제되어 위험해진다.

또 담배를 피우면 사이토크롬 P-450이 증가하여 마찬가지로 약효가 없어진다. 이로써 술과 담배는 상당히 유해하다는 것을 알 수 있다.

주요 참고 도서

生田 哲, 『心の病は食事で治す』, PHP新書, 2005.

生田 哲, 『「うつ」を克服する最善の方法』, 講談社＋α新書, 2005.

生田 哲, 『脳がめざめる食事』, 文春文庫, 2007.

生田 哲, 『よくわかる生化学』, 日本実業出版社, 2008.

生田 哲, 『食べ物を変えれば脳が変わる』, PHP新書, 2008.

生田 哲, 『脳は食事でよみがえる』, ソフトバンク クリエイティブ、サイエンス・アイ新書, 2009.

生田 哲, 『薬理学のきほん』, 日本実業出版社, 2009.

生田 哲, 『脳地図を書き換える』, 東洋経済新報社, 2009.

生田 哲, 『ビタミンCの大量摂取がカゼを防ぎ、がんに効く』, 講談社 ＋α新書, 2010.

生田 哲, 『うつは食べて治す』, PHP文庫, 2010.

生田 哲, 『よみがえる脳』, ソフトバンク クリエイティブ、サイエンス・アイ新書, 2010.

生田 哲, 『病気にならない脳の習慣』, PHP新書, 2010.

生田 哲, 『子どもの頭脳を育てる食事』, 角川oneテーマ21, 2011.

生田 哲, 『ボケずに健康長寿を楽しむコツ60、アルツハイマーにならない食べもの、生き方、考え方』, 角川oneテーマ21, 2011.

메모

하루 한 권, 뇌와 물질

초판 인쇄 2023년 11월 30일
초판 발행 2023년 11월 30일

지은이 이쿠타 사토시
옮긴이 김현정
발행인 채종준

출판총괄 박능원
국제업무 채보라
책임편집 박민지 · 박나리
마케팅 조희진
전자책 정담자리

브랜드 드루
주소 경기도 파주시 회동길 230 (문발동)
투고문의 ksibook13@kstudy.com

발행처 한국학술정보(주)
출판신고 2003년 9월 25일 제 406-2003-000012호
인쇄 북토리

ISBN 979-11-6983-808-5 04400
979-11-6983-178-9 (세트)

드루는 한국학술정보(주)의 지식 · 교양도서 출판 브랜드입니다.
세상의 모든 지식을 두루두루 모아 독자에게 내보인다는 뜻을 담았습니다.
지적인 호기심을 해결하고 생각에 깊이를 더할 수 있도록, 보다 가치 있는 책을 만들고자 합니다.